国家科学技术学术著作出版基金资助出版

可溶岩应力-溶解耦合效应与理论分析

周　辉　汤艳春　房敬年
胡大伟　邵建富　卢景景　著

科学出版社
北　京

内 容 简 介

本书针对能源地下储存和地下工程可溶岩围岩稳定研究的需求开展研究，首先基于细观-宏观耦合的可溶岩弹塑性损伤耦合机理，建立可溶岩弹塑性损伤耦合模型；通过一系列试验对可溶岩应力-溶解耦合特性进行分析；基于溶蚀作用下可溶岩力学性质发生改变机理，建立溶蚀作用下可溶岩塑性力学模型；提出等效扩散系数这一概念，用于描述应力作用下单位溶蚀面积上的宏观溶蚀速率，建立应力作用下可溶岩溶蚀模型；最后，对可溶岩应力-溶解耦合机理进行研究，建立可溶岩应力-溶解耦合模型以及溶蚀作用下可溶岩围岩稳定性分析方法，并进行模拟计算分析。

本书主要读者对象是岩土工程相关专业的高年级本科生和研究生，以及从事可溶岩力学性质、能源地下储存、地下工程可溶岩围岩稳定等研究的科研院校的科技工作者和工程技术人员。

图书在版编目(CIP)数据

可溶岩应力-溶解耦合效应与理论分析/周辉等著. —北京：科学出版社，2016.3

ISBN 978-7-03-047600-5

Ⅰ.①可… Ⅱ.①周… Ⅲ.①地下工程-岩溶-围岩稳定性-研究 Ⅳ.①TU94②TU457

中国版本图书馆 CIP 数据核字(2016)第 048739 号

责任编辑：刘宝莉 / 责任校对：郭瑞芝
责任印制：肖 兴 / 封面设计：左 讯

科学出版社 出版
北京东黄城根北街 16 号
邮政编码：100717
http://www.sciencep.com

中国科学院印刷厂印刷
科学出版社发行 各地新华书店经销

*

2016 年 3 月第 一 版 开本：720×1000 1/16
2016 年 3 月第一次印刷 印张：11 插页：1
字数：220 000

定价：100.00 元

(如有印装质量问题，我社负责调换)

前　言

可溶性岩石(简称为可溶岩),主要包括易溶盐类岩石(如岩盐等)、硫酸盐类岩石(如石膏岩等)以及碳酸盐类岩石等,本书针对岩盐、石膏岩开展研究。由于岩盐具有易溶于水的特性,可在岩盐地层中采用水溶建腔工艺建造盐腔,用于国家战略能源特别是石油和天然气地下储存。我国盐岩地下储库群已开始大规模兴建,如江苏金坛盐岩油气储库群,截至 2011 年年底,已建成并运行的地下储气库约 50 个,总储气量达 6.7 亿 m^3;湖北云应盐穴型地下储气库,于 2012 年 7 月开工建设,其设计工作气量为 6 亿 m^3。在水溶建腔过程中,保证盐腔围岩稳定性,是在盐层中成功实施能源储存的先决条件。在含石膏岩等可溶岩的地层岩体中,石膏岩溶蚀特性及其对地下工程可溶岩围岩稳定(如水利水电工程坝基岩体稳定、隧洞围岩稳定以及硫酸盐岩矿矿井围岩稳定等方面)的影响必须予以重视。

与普通岩石相比,可溶岩受水溶蚀后,岩石质量减少,其力学特性受溶蚀作用的影响不可忽略;与普通岩层中的地下工程相比,地下工程的可溶岩围岩稳定性具有明显的特殊性和复杂性:地下水渗入到围岩壁可溶岩的裂隙中,促使可溶岩裂隙快速溶解,裂隙开度和长度进一步增大,诱发宏观围岩应力调整,产生新的破坏和宏观变形,从而进一步影响围岩的稳定性,而普通岩层中的地下洞室围岩稳定一般不具有这一过程。

因而,着眼于能源地下储存和地下工程可溶岩围岩稳定研究的需求,开展可溶岩应力-溶解耦合机理与可溶岩围岩稳定性研究,对成功构筑以可溶岩为介质的地下工程具有十分重要的意义。

本书以可溶岩应力-溶解耦合效应与理论为研究课题,通过试验研究、理论分析与数值模拟等方法,对可溶岩弹塑性损伤耦合模型、可溶岩应力-溶解耦合机理与模型、溶蚀作用下可溶岩围岩稳定性分析等进行了较系统的研究。

全书共 6 章,各章主要内容为:

第 1 章,绪论。论述开展可溶岩应力-溶解耦合效应与理论研究的意义,对国内外的研究现状进行综述,并详细列出本书的主要内容。

第 2 章,可溶岩力学模型研究。研究了细观-宏观耦合的可溶岩弹塑性损伤耦合机理,建立了可溶岩弹塑性损伤耦合模型;从宏观力学方面,确定了无溶蚀作用下可溶岩(岩盐、石膏岩)塑性力学模型及参数。

第 3 章,可溶岩应力-溶解耦合试验分析。分析结果表明,应力作用下可溶岩

(岩盐)溶蚀速率变化与不同围压下表面裂纹的发育与扩展有着直接的联系;溶蚀作用下可溶岩力学性质发生变化的机制在于溶蚀作用下可溶岩裂纹的临界应力强度因子降低。

第 4 章,溶蚀作用下可溶岩塑性力学模型研究。基于溶蚀作用下可溶岩力学性质发生改变机理以及无溶蚀作用下可溶岩塑性力学模型,建立溶蚀作用下可溶岩塑性力学模型,并分别对溶蚀作用下岩盐、石膏岩的力学参数进行了求取。

第 5 章,应力作用下可溶岩溶蚀模型研究。根据应力作用下可溶岩溶蚀作用改变的机理,提出了等效扩散系数这一概念,建立了应力作用下可溶岩溶蚀模型,并基于试验结果,对等效扩散系数进行了求取。

第 6 章,可溶岩应力-溶解耦合模型与围岩稳定性分析。对可溶岩应力-溶解耦合机理进行研究,建立了可溶岩应力-溶解耦合模型以及溶蚀作用下可溶岩围岩稳定性分析方法,并分别对应力-溶解耦合作用下的盐腔围岩稳定性、溶蚀作用下含石膏岩层围岩稳定性随溶蚀时间的动态变化规律进行了分析。

本书是作者近 10 年来开展可溶岩应力-溶解耦合机制分析、耦合模型建立、试验分析以及模拟计算等工作的系统总结。本书主要研究成果是在国家自然科学基金(51279089、51427803、10772190、50809035、50579091)等项目的资助下完成的,在研究过程中还得到了国家重点基础研究发展计划(973)项目:深部复合地层围岩与 TBM 的相互作用机理及安全控制——第 2 课题:TBM 掘进扰动下深部复合地层围岩力学行为响应规律(2014CB046902)、中国科学院科技创新“交叉与合作团队”(人教字(2012)119 号)、中国科学院科研装备研制项目(YZ201553)、中国科学院知识创新工程重要方向项目(青年人才类)(KZCX2-EW-QN115)等项目的资助。在本书的编写过程中得到有关专家的指导和帮助,引用了多位学者的文献资料,在此一并表示感谢。

还要特别感谢国家科学技术学术著作出版基金对本书出版的资助!

由于作者水平有限,书中难免存在不足之处,敬请读者和专家批评指正。

目　　录

第1章　绪　　论

1.1　引　　言

可溶性岩石(简称为可溶岩)主要包括易溶盐类岩石(如岩盐等)、硫酸盐类岩石(如石膏岩等)以及碳酸盐类岩石(如石灰岩等)等,本书针对可溶岩中岩盐、石膏岩开展研究。由于岩盐具有易溶于水的特性,在岩盐地层中可采用水溶建腔工艺建造盐腔,用于国家战略能源特别是石油和天然气地下储存;在含石膏岩等可溶岩的地层岩体中,石膏岩溶蚀特性及其对地下工程可溶岩围岩稳定的影响必须予以重视。

与普通岩石相比,可溶岩(岩盐、石膏岩)受水溶蚀后,岩石质量减少,其力学特性受溶蚀作用的影响不可忽略;与普通岩层中的地下工程相比,地下工程的可溶岩围岩稳定性具有明显的特殊性和复杂性:地下工程围岩壁可溶岩溶蚀(相当于"开挖")导致围岩内应力集中和围岩变形,发生损伤破坏,产生不同尺度的裂隙,形成一定深度的"开挖"损伤区,从而影响围岩的稳定性,这一过程与普通岩层中的地下洞室开挖是相似的;地下水渗入到围岩壁可溶岩的裂隙中,会使可溶岩裂隙快速溶解,裂隙开度和长度进一步增大,诱发宏观围岩应力调整,产生新的破坏和宏观变形,从而进一步影响围岩的稳定性,而普通岩层中的地下洞室开挖一般是不具有这一过程的。

下面分别针对岩盐、石膏岩进行论述。

1. 岩盐

岩盐的化学成分为氯化钠,晶体都属等轴晶系六八面体晶类的卤化物。单晶体呈立方体,在立方体晶面上常有阶梯状凹陷,集合体常呈粒状或块状。纯净的岩盐无色透明,含杂质时呈浅灰、黄、红、黑等色,玻璃光泽。岩盐性脆,摩氏硬度为2～2.5,相对密度为2.1～2.2;易溶于水,味咸;熔点804℃,焰色反应黄色,在1000℃时其可塑性很强,当温度、压力升高超过其临界点时软化,产生塑性变形,形成软流。岩盐是典型的化学沉积成因的矿物。

岩盐在许多领域都具有广泛的用途,除了直接应用于石油化工工业、化学工业、通用动力工业、国防部门、农业以及环保等领域以外,近年来,随着世界范围内对能源的需求量急剧增加,能源危机日益突出,岩盐矿藏还被各国用于进行国家战略能源特别是石油和天然气地下储存。

能源(石油和天然气)是21世纪人类发展备受关注的焦点之一,一旦发生能源危机,将会引起严重的社会动荡,严重破坏国家的政治稳定和经济发展。目前,我国已成为石油、天然气净进口国,石油对外依存度近60%,天然气对外依存度超过30%。保障能源安全的重要手段之一是建立国家战略石油储备。为应付石油供应中断的突发事件,石油进口大国都制定了应急石油储备目标,国际能源机构(IEA)认为,石油供应中断量达到需求量的7%就是安全警戒线,一般为90天的进口量。据国家统计局发布消息称,国家石油储备一期工程已于2014年建成投用,国家石油储备一期工程包括舟山、镇海、大连和黄岛等四个国家石油储备基地,总储备库容为1640万 m^3,储备原油1243万 t,约为16天的石油进口量(以2014年10月我国原油日均进口量计)。按照国务院批准的《国家石油储备中长期规划(2008～2020年)》,国家石油储备二期于2009年初启动。2020年以前,将陆续建设国家石油储备二期、三期项目,形成相当于100天石油净进口量的储备总规模。

目前,能源储存主要有陆上储罐、海上储罐和地下储存三种方式,地下储存安全性高,不容易遭到破坏,被称为"高度战略安全的储备库"。因此,目前世界上相当大一部分能源储存采用地下存储方式。岩盐易溶解于水的特性使岩盐硐库的施工开挖更加容易和经济,世界上大部分能源储存库建在岩盐介质或报废的盐矿井中。1963年,加拿大在Saskatchewan利用地下盐穴空腔建成了世界上第一个天然气岩盐储存库;70年代起,美国、法国、德国等国家相继建立了大量的石油、天然气岩盐储存库,储存大部分的战略能源。截至2009年,全球已建成且正在运营的盐穴型储气库74座,其中美国31座,德国23座,加拿大9座,法国3座,英国3座,波兰、丹麦、亚美尼亚、中国、葡萄牙各1座。

我国的地下岩盐资源丰富,分布范围广,埋藏于地下数十米至4000米的深度,具有良好的建设地下能源储存库的地质条件。针对我国能源储备的巨大需求,能源盐岩地下储备已成为能源战略储备的重点部署方向,盐岩地下储库群已开始大规模兴建。如江苏金坛盐岩油气储库群,2007年储气库部分投产运行,开创了我国盐穴地下储气库的先河,同时这也是世界上第一个对已有盐穴溶腔改建而成的地下储气库。截至2011年底,已建成并运行的地下储气库约50个,总储气量达6.7亿 m^3。金坛储气库目前处于建设与运行并行阶段,整个建造工程将会持续到2020年左右。另外,湖北云应、河南平顶山等盐矿区也已规划了大型地下油气储库群,其中湖北云应盐穴型地下储气库已于2012年7月底开工建设,其设计工作气量为6亿 m^3。

储库盐腔一般采用水溶建腔工艺,在水溶建腔过程中,保证储库盐腔的围岩稳定性,是在盐层中成功实施能源储存的先决条件。

2. 石膏岩

石膏岩的化学成分为二水硫酸钙，黑灰色，块状构造，结晶结构，由石膏晶体构成。石膏岩作为干旱气候和闭塞环境的标志，是在含盐度较高的溶液或卤水中，通过蒸发作用而产生的化学沉积物。极易发生交代作用、重结晶作用和溶解作用，在成岩阶段，石膏岩往往向硬石膏岩转变，在表生阶段，硬石膏岩水化变为石膏岩。石膏岩的分布是广泛的，在空间上，世界上许多地方都有石膏岩存在；在沉积时代上，从古生代的寒武纪到新生代的第三纪，几乎所有的时代都有石膏的沉积，特别是在第三系红层之中，石膏岩分布广泛。在我国，许多第三系红层中都夹有石膏岩层。

在含石膏岩等可溶岩的地层岩体中，石膏岩溶蚀特性及其对地下工程可溶岩围岩稳定(如水利水电工程坝基岩体稳定、隧洞围岩稳定以及硫酸盐岩矿矿井围岩稳定等方面)的影响必须予以重视。

1) 在水利水电工程坝基岩体稳定方面

含石膏岩等可溶岩的地层岩体是国内外建坝史上出现问题最多的一种坝基岩体，特别是国外已造成了溃坝事件，如美国圣·佛兰西斯坝(St. Francis)蓄水后，坝基砾岩中的石膏岩被溶解，黏土胶结物被软化，地基被淘刷，大坝在几分钟内被冲垮。我国已建成的部分水利水电工程，在其建设或运行过程中，也由于坝基中的石膏岩等可溶岩被溶解，出现了不同程度的问题[1,2]，如：

(1) 青海省西宁市北山寺引水式电站，前池建在橘红色含石膏岩的第三系红层上，电站运行后，很快发生石膏岩溶滤作用。前池因为直接建在石膏岩层上，在溶蚀作用下基础产生变形使得前池开裂。

(2) 新疆风城高库是引额济克工程西干渠尾部的调节水库，最高蓄水位473m，总库容1亿m^3。库坝区普遍有次生易溶盐分布，且易溶盐在局部地段形成较大面积的富集。水库蓄水后，由于石膏岩等可溶岩的溶蚀，存在着水库渗漏、大坝基础不均匀沉陷以及放水隧道渗漏等问题。

(3) 新疆克孜尔(黑孜)水库是当前新疆最大的水库，水库建在第三系的红层上，由于岩层中富含石膏岩等可溶岩，在库水作用下，左岸坝肩岩体中的石膏岩发生溶蚀，增大了岩体的透水性，致使左岸坝肩出现明显的绕坝渗漏。

(4) 云南新桥水库由于白垩系红层中石膏岩被溶蚀成不同的空洞而使水库产生严重的渗漏。

(5) 黄河黄丰水电站坝址区岩性为上第三系宁夏组泥岩，夹有多层脉状或层状石膏。从目前的资料来看，坝下厚层石膏被溶蚀的可能性较小，但分布极为频繁的脉层状石膏，未来处于坝基地下水交替较快的地带是不可避免的，这些薄层石膏的溶蚀也会对大坝的沉降带来大的影响。

2）在隧洞围岩稳定方面

在含石膏岩等可溶岩的地层岩体中，随着隧道的开挖，石膏岩层逐渐暴露在外部环境下，临空面增加，围岩压力重分布，隧道周边地下水的补给、径流、排泄途径发生改变，导致石膏岩溶蚀程度发生改变，对隧洞围岩稳定产生不利影响，如：花栎包隧道设计线路 ZK157＋675～ZK157＋692 段，凉水井隧道设计线路 ZK159＋160～ZK159＋620 段，以及十字垭隧道 ZK1718＋238～ZK1718＋319 段等均发育有石膏质岩，其中十字垭隧道发育的石膏质岩纯度较高，危害较大[3]；石太铁路客运专线太行山隧道 Z4 标段中含膏角砾岩地段长为 3217m，如何实现含膏角砾岩地段隧道的安全合理施工，是关系到该项目施工安全、隧道结构安全的关键[4,5]。

3）在硫酸盐岩矿矿井围岩稳定方面

在硫酸盐岩矿开采中，由于人工巷道的开凿，加速了上覆地表水及第四系潜水向下渗透运动，加快水对石膏岩的溶蚀作用，对矿井围岩稳定产生不利影响[6]，如：广西北海的一个石膏岩矿区由于长期开采地下石膏而没有考虑开矿诱发渗透水流对石膏岩产生的溶蚀作用，而且矿井中没有任何支护，致使石膏岩力学强度不断降低，结果于 2001 年在降雨后矿井产生坍塌。

从上述案例中可以看出，揭示可溶岩应力-溶解耦合机理与保证可溶岩围岩稳定性，是成功构筑以可溶岩为介质的地下工程的先决条件。

1.2　研究进展

国内外科研人员着眼于能源地下储存和地下工程可溶岩围岩稳定研究的需求，在可溶岩力学性质、可溶岩应力-溶解耦合及其相关性质、地下工程可溶岩围岩稳定研究等方面开展了大量开拓性和卓有成效的工作，积累了丰富的研究成果和研究经验。目前，国内外的相关研究进展如下。

1. 可溶岩力学性质研究方面

1）可溶岩短期强度特性研究

主要指不考虑时间效应、温度效应而对可溶岩所进行的单轴、常规三轴及真三轴拉伸、压缩或剪切试验及相应的理论分析，建立可溶岩的短期强度与变形理论。

刘新荣等[7]和梁卫国等[8]对岩盐的短期强度与变形特性进行了基本力学特性研究。郑雅丽等[9]对含不同杂质盐岩（纯盐岩、钙芒硝质盐岩、硬石膏质盐岩及泥质混合盐岩）进行了力学试验，并对所获得的力学特性进行了对比分析。梁卫国等[10]以层状盐岩体矿床中的 NaCl 岩盐与无水芒硝盐岩为研究对象，在实验室

进行 $10^{-5}\sim10^{-3}s^{-1}$ 单轴压缩强度与变形特性的应变率效应研究，研究结果表明，在上述应变率范围内，NaCl 岩盐与无水芒硝盐岩的单轴抗压强度与弹性模量基本不随加载应变速率而变化；试件破裂方式不随加载应变速率而变，NaCl 岩盐试件破裂为柱状劈裂或楔型剪切，而无水芒硝盐岩则表现为单斜剪切；盐岩在扩容之前均具有很强的变形能力。Hakalaa 等[11]进行了层状盐岩破坏准则和等效弹性参数的相关试验研究。李银平等[12]为了解湖北云应盐矿深部层状盐岩，特别是盐岩和硬石膏夹层界面的抗剪性能，开展岩体直剪试验。试验结果表明，湖北省云应盐矿深部层状盐岩中盐岩和硬石膏夹层的交界层面具有较强的黏结力，不是一个弱面。Zhigalkin[13]对单轴压缩条件下的岩盐变形和破坏特征进行了分析。刘江等[14]通过盐岩单轴压缩试验、三轴压缩试验及巴西劈裂试验，对湖北应城盐矿和江苏金坛盐矿的盐岩试样的短期强度和变形特征进行了分析。郭印同等[15]采用伺服刚性试验机对硬石膏进行了不同围压下的常规三轴试验，研究了硬石膏的强度和变形特性。赵金洲等[16]对石膏岩进行了三轴压缩试验，测得了不同围压条件下石膏岩的抗压强度和杨氏模量等参数值。黄英华等[17]采用 MTS-815 型液压伺服刚性试验机对硬石膏进行了常规三轴压缩试验，研究结果表明随着围压的增加，硬石膏的变形特征表现为由脆性向延性逐渐转变。

2）可溶岩损伤特性研究

姜德义等[18,19]设计了盐岩剪切损伤后的自恢复试验，对损伤盐岩相关力学参数随恢复时间的变化规律进行研究，试验结果表明，自恢复对盐岩内摩擦角的恢复作用明显，而对黏聚力的恢复不明显，在恢复的初期，损伤盐岩抗剪强度随之降低，继续恢复则会出现相对增强，最终会进入长期恢复阶段，趋于稳定；以不同速率下的三轴围压卸载试验为基础，建立扩容与损伤关系模型，研究结果表明，在一定条件下，盐岩的扩容可以直观反映其当时状态下的损伤状况，在同一应力条件下，不同的围压卸载速率对损伤的影响表现为速率的对数值与损伤值呈线性关系。郭建强等[20]建立了基于能量原理盐岩的损伤本构模型，该模型仅需确定常规岩石力学参数，物理力学意义明确，能充分模拟盐岩单轴情况下应变软化和三轴情况下应变硬化的全过程。刘建锋等[21]利用 MTS815 Flex Test GT 岩石力学试验系统，对盐岩进行了单轴压缩下的 7 级加卸载试验和低周循环加卸载试验测试，结果表明，低周循环加卸载可较为真实测试具有显著时间效应变形特征的盐岩的损伤弹性模量，应用耦合弹性塑性变形损伤变量公式对其损伤进行研究，更能真实反映其损伤特征。吴文等[22]基于 Desai 提出的扰动态概念，对围压 0～25MPa盐岩在三轴压缩下的应力-应变关系进行初步模拟分析。Ahmad[23]以细观-宏观耦合方法对岩盐的力学模型进行了研究。房敬年等[24]提出了一种能够描述岩盐特性的弹塑性损伤耦合的模型，该模型描述了岩盐损伤的演化和塑性变形的耦合关系，并引入了一种非关联的塑性流动法则来描述岩盐从塑性体积压缩到膨胀的转化。曹林卫等[25,26]运用混合物理论推导得到适合于描述层状盐岩体在三轴压缩过程中损伤演化特性的层状盐岩细观损伤本构模型。Pudewills[27,28]通过岩盐黏塑性本构模型对开挖扰动区内的岩盐损伤特性进行了研究。Pierre 等[29]、Li 等[30]、杨春和等[31]和 Limarga 等[32]利用连续介质损伤力学的方法分析了岩盐蠕变过程中的损伤演化过程。

2. 可溶岩应力-溶解耦合及其相关性质研究方面

1）可溶岩溶解特性研究

马洪岭等[33]利用自制仪器对某超深地层盐岩、含泥盐岩进行了常温和高温溶解试验，试验结果表明高温 86℃和 50℃时的纯盐岩溶解速率分别是常温下的2.32倍和 1.49 倍。徐素国等[34]和梁卫国等[35,36]进行了钙芒硝岩盐溶解特性的试验研究，得出了钙芒硝岩盐在氢氧化钠溶液中溶解速度较快的结论；进行了盐矿水溶开采室内试验，并研究了岩盐水压致裂连通溶解模型。张哲玮[37]研究了岩盐矿石水溶性能试验中的若干问题，以期通过试验能够准确反映岩盐矿体的水溶行为特征。姜德义等[38]对应力损伤盐岩进行了声波、溶解试验研究，研究表明，盐岩应力损伤由盐岩晶粒相互错动促使微裂纹增多所致，盐岩的溶解速率随损伤变量的增加而增加。班凡生[39]研究了岩盐在三向应力状态下的水力压裂机理，建立了相应的理论破裂准则。刘成伦等[40,41]采用电导法对长山岩盐溶解的动力学特征进行了研究，得出了岩盐溶解的动力学方程。周辉等[42]利用自行设计研制的盐岩裂隙渗流-溶解耦合试验装置对特定条件下的盐岩裂隙渗流-溶解耦合过程进行试验研究，并建立了盐岩裂隙渗流-溶解耦合模型。

卢耀如等[6,43]、张凤娥等[44]、Alexander[45]、Roland[46]和 Farpoor 等[47]通过试验的方法对石膏的溶蚀特性进行了研究，研究结果表明，硫酸盐岩和碳酸盐岩的岩溶作用在水溶蚀作用机理上，最主要的区别在于水对碳酸盐岩的岩溶作用，需要借助于溶剂 CO_2 的作用，而水可直接对硫酸盐岩产生溶蚀作用，石膏在 NaCl 溶液中的溶蚀率比在蒸馏水条件下要高 2～3 倍。魏玉峰等[48]对第三系红层中石膏的溶蚀特性进行了试验研究，试验结果表明，石膏发生溶蚀的主要是含 Ca^{2+} 的物质，并且溶蚀速率和与水接触的方式以及水头压力大小有直接关系。王世霞等[49]和郑海飞等[50]在 26℃和 0.1～900MPa 压力下进行了纯水中石膏的溶解试验，试验结果发现在低于 608MPa 的压力下石膏一直保持稳定，而在高于该压力下石膏才开始发生溶解。胡彬锋等[51]对青居水电站地层中石膏质溶蚀的化学效应进行了分析。于伟东等[52]使用扫描电子显微镜（SEM）对常温下不同浓度盐溶液溶浸作用下的石膏试件进行了细观结构衍化及其特征分析，研究发现，在不同浓度盐溶液中石膏晶体细观结构的变化，严重影响石膏夹层的物理力学特性。范颖芳等[53]对硫酸盐腐蚀后混凝土力学性能进行了研究，研究表明，石膏溶蚀后的环境水中富含硫酸盐，对混凝土具有强烈的腐蚀性，硫酸盐对混凝土腐蚀的机理是硫酸盐进入混凝土的内部，与水泥的某些成分发生反应，生成物吸水发生膨胀，当膨胀力达到一定程度时就造成了混凝土结构的变化，引起破坏。

2）可溶岩应力-溶解耦合研究

汤艳春等[54~63]和房敬年[64]进行了大量的可溶岩应力-溶解耦合试验和理论研究工作，主要体现在以下四个方面：一是进行了单轴压缩条件下岩盐应力-溶解耦合效应细观力学试验、三轴应力作用下岩盐溶蚀特性试验等试验对岩盐应力-溶解耦合特性进行了研究；二是根据试验结果对有无应力作用下岩盐溶蚀机理的差异以及应力作用对岩盐溶蚀特性的影响进行了研究，研究结果表明，在应力作用下岩盐溶解速率与裂纹的发育和扩展有着直接的关系；并基于试验研究结果对应力作用下岩盐溶蚀模型进行了初步研究，提出了等效扩散系数的概念用于描述应力作用下岩盐的溶蚀特性；三是根据试验结果对有无溶蚀作用下岩盐破坏机理、溶蚀作用对岩盐力学特性的影响以及溶蚀作用下的岩盐力学模型进行了研究，研究结果表明，溶蚀作用对岩盐力学特性的影响不可忽略，溶蚀作用下岩盐力学性质发生变化的机理在于岩盐发生溶解从而使得岩盐裂纹的临界应力强度因子降低；四是根据应力-溶解耦合作用下的盐腔水溶建腔机理，建立了应力-溶解耦合作用下的盐腔水溶建腔计算方法。

梁卫国等[65,66]和高红波等[67,68]在实验室对自然状态（干试件）、饱和与半饱和盐溶液中浸泡20天的石膏（湿试件）进行单调单轴压缩与小幅反复加卸载作用方式下的单轴压缩试验，试验结果表明，20天浸泡作用下有少量溶液由表及里的浸入，从而使石膏变形呈软化趋势，且随溶液浓度不同而不同；进行石膏岩在40℃和70℃半饱和、饱和盐溶液浸泡作用之后的单轴抗压强度、抗拉强度、抗剪强度试验，试验结果表明，随温度升高、盐溶液浓度增大、浸泡时间的延长，石膏岩强度呈降低弱化趋势；在干燥、40℃半饱和到70℃饱和溶液条件下，相应破坏方式也由脆性向脆延性、延性转变；进行钙芒硝盐岩溶解渗透力学特性研究，试验结果表明，由于溶解渗透使得矿物组成与结构发生变化，钙芒硝盐岩在溶解渗透前后三轴力学特性差异也很大，在2MPa围压的作用条件下，溶解渗透49h之后，钙芒硝盐岩的强度由未溶解渗透时的46.53MPa，降低为溶解渗透后的11.42MPa。黄英华[69]采用MTS-815型液压伺服刚性试验机，对自然条件和饱水条件下的硬石膏进行了单轴压缩破坏试验，研究结果表明水对硬石膏强度的影响较大，饱水条件下硬石膏的单轴抗压强度远比自然条件下的低。祝艳波等[70]以宜昌-巴东高速公路凉水井隧道出露的石膏质围岩为研究对象，开展了不同含水率、不同干湿循环下的石膏质岩单轴压缩试验，探讨了其强度软化特性。

3. 地下工程可溶岩围岩稳定研究方面

1）盐腔围岩稳定研究及其相关性质

许多学者分别采用不同的方法对盐腔围岩稳定性及其相关的盐腔形状控制等方面进行了应用分析研究。吴文等[71,72]研究了岩盐能源地下储存库的稳定性评价标准，并对各国的标准和设计规范进行了总结和归纳。任松等[73]、刘新荣等[74,75]、姜德义等[76]、陶连金等[77]、刘成伦等[78]、梁卫国等[79]、余海龙等[80,81]、赵顺柳等[82]、王贵君[83,84]、陈卫忠等[85]、尹雪英等[86]、陈锋等[87]和杨春和等[88]在盐腔围岩稳定性方面做了大量的解析分析和数值模拟工作。在盐腔形状控制方面，潘培泽[89]对大倾角岩层溶腔形态进行了分析。刘东等[90]研究了岩盐开采生产中溶腔形状的智能控制方法。赵志成[91]研究了岩盐储气库水溶建腔流体输运理论及溶腔形态变化的规律。班凡生等[92~94]分析了夹层、岩盐品位及施工工艺对岩盐储气库水溶建腔的影响。

2）含石膏岩层围岩稳定及其对工程影响

杨先毅[95]对河南老河口的王甫洲水利枢纽工程、嘉陵江合川水利枢纽工程等工程有影响的岩层中含有易溶蚀的石膏的问题进行了分析，分析结果表明，由于石膏易于溶蚀，其溶蚀后导致岩体强度、变形参数大幅度降低，特别是对水工建筑物基础岩体的变形、不均匀沉降、抗滑稳定性都有很大影响，对于水库甚至形成渗漏的通道或因石膏溶蚀引起岩体架空进而造成大坝沉降拉裂，对大坝的修建以及建成后的安全运营都有着至关重要的影响。王子忠[96]对四川盆地红层岩体主要水利水电工程地质问题进行了系统研究。魏玉峰[1]，周洪福等[97]对黄河上游某电站上新统石膏夹层对坝基岩体稳定性影响进行分析评价，并给出了坝基石膏岩溶蚀防治措施。林仕祥等[98]进行了王甫洲水利枢纽坝基石膏溶蚀研究及处理对策研究。刘艳敏等[3]以杭兰公路宜巴段白云岩层中不规则发育的硬石膏岩为研究对象，采用 X 射线衍射试验、离子色谱分析、环境扫描电镜及能谱分析等试验手段，定量研究硬石膏岩对隧道结构的危害。研究结果表明，硬石膏岩对隧道结构的危害主要表现在其水化膨胀作用、溶蚀产生的硫酸盐侵蚀及其溶出的酸性环境对白云岩溶蚀的加剧作用。孟丽苹[4]和李卓[5]针对影响石太客运专线的太行山隧道安全的含膏角砾岩的变形特性、强度特性等从理论、室内土工试验两个方面展开研究，重点研究了含膏角砾岩的单轴抗压强度和其流变特性。张晓宇[99]对西宁地区第三系泥岩夹石膏岩的岩土工程特性及其对工程的影响进行了研究。刘宇等[100]对成都天府新区含膏红层的主要工程地质问题进行了分析。陈旭等[101]和洪文之等[102]对石膏溶蚀特性对工程的影响进行了研究。

1.3 研究内容

本书以可溶岩应力-溶解耦合效应与理论作为研究课题，通过试验研究、理论分析以及数值模拟等方法，对可溶岩弹塑性损伤耦合模型、可溶岩应力-溶解耦合机理与模型、溶蚀作用下可溶岩围岩稳定性分析等进行了较系统的研究。本书主要内容如下：

(1) 基于可溶岩(岩盐、石膏岩)宏观力学特性和细观力学特性试验结果，对细观-宏观耦合的可溶岩弹塑性损伤耦合机理进行研究，继而建立适合于描述可溶岩(岩盐、石膏岩)变形破坏特征的可溶岩弹塑性损伤耦合模型，并通过数值模拟计算对该模型的合理性进行验证；为了便于后续的可溶岩应力-溶解耦合效应与可溶岩围岩稳定性研究，从宏观力学方面，采用应变硬化-软化模型对无溶蚀作用下可溶岩(岩盐、石膏岩)塑性力学行为进行描述，确定无溶蚀作用下可溶岩(岩盐、石膏岩)塑性力学模型参数。

(2) 基于单轴压缩条件下岩盐应力-溶解耦合效应的细观力学试验、溶蚀作用下石膏岩力学特性试验以及三轴应力作用下岩盐溶蚀特性试验，对可溶岩应力-溶解耦合特性进行分析，获得单轴压缩或三轴应力作用下可溶岩溶蚀速率的变化规律，以及溶蚀作用下可溶岩力学特性变化规律。

(3) 基于有无溶蚀作用下可溶岩力学特性的变化，对溶蚀作用下可溶岩塑性力学模型进行研究。基于所揭示的可溶岩力学破坏机理，分别从细观和宏观的角度，对溶蚀作用下可溶岩力学性质发生改变机理进行分析；建立溶蚀作用下可溶岩塑性力学模型；并依据所获得的溶蚀作用下可溶岩(岩盐、石膏岩)力学特性的变化规律，分别对溶蚀作用下岩盐、石膏岩的力学参数进行求取。

(4) 研究应力作用下可溶岩溶蚀作用改变的机理，并提出等效扩散系数这一概念，用于描述应力作用下单位溶蚀面积上的宏观溶蚀速率，它是围压、塑性特征量和溶解时间的函数；用等效扩散系数代替扩散系数，建立应力作用下可溶岩溶蚀模型；基于试验结果，得到等效扩散系数与围压、塑性特征量和溶解时间之间的关系表达式。

(5) 在上述分析内容的基础上，对可溶岩应力-溶解耦合机理进行了研究，建立可溶岩应力-溶解耦合模型以及溶蚀作用下可溶岩围岩稳定性分析方法，并依据所建立的分析方法，选择盐腔围岩为研究对象，对应力-溶解耦合作用下的盐腔围岩稳定性进行分析；选择含石膏岩层围岩为研究对象，考虑石膏岩层的不同分布状况，对溶蚀作用下含石膏岩层围岩的稳定性进行分析。

第 2 章　可溶岩力学模型研究

建立可合理描述无溶蚀作用下可溶岩力学特性的本构模型是分析可溶岩应力-溶解耦合效应的前提条件。可溶岩(岩盐、石膏岩)具有明显的塑性特征,且其内部本身就存在着细观结构缺陷(如孔隙、微裂隙等),在外荷载的作用下可引起岩石材料或结构的劣化,产生损伤。由于岩石损伤的形态及其演化过程,是发生于细观层次上的物理现象,必须用细观观测手段和细观力学方法加以研究;而损伤对材料力学性能的影响则是细观的成因在宏观上的结果或表现。既然问题的因与果分属于细观与宏观两端,就必须运用细、宏观相结合的方法研究可溶岩塑性损伤耦合机制,从而建立可合理描述无溶蚀作用下可溶岩力学特性的本构模型。另外,从宏观的现象出发并模拟宏观的力学行为来确定参数,所获得的研究成果较细观方法更容易用于实际问题的分析,故为了便于后续的可溶岩应力-溶解耦合效应与可溶岩围岩稳定性研究,可从宏观力学方面对可溶岩的力学特性进行描述。

本章基于可溶岩(岩盐、石膏岩)的力学特性试验结果,首先对细观-宏观耦合的可溶岩弹塑性损伤耦合机理进行研究,继而从细观-宏观耦合以及宏观力学两方面建立可溶岩力学模型。

2.1　可溶岩力学特性试验研究

以岩盐、石膏岩为研究对象,通过岩盐、石膏岩常规单/三轴压缩试验,和岩盐单轴压缩条件下细观力学试验,对可溶岩宏观力学特性和细观力学特性进行试验研究,为进一步研究可溶岩变形破坏机制提供试验依据。

2.1.1　岩盐单/三轴压缩试验

1. 试验目的

通过该试验,研究岩盐变形破坏机制,获取不同围压下岩盐应力-应变曲线等试验结果,并为后续所建立的岩盐力学模型提供试验依据。

2. 试验仪器

试验采用由中国科学院武汉岩土力学研究所与法国里尔科技大学合作研制

开发的岩石多场耦合三轴伺服流变仪,如图 2.1 所示。设备由加压系统、恒压稳压装置、液压传递系统、压力室装置、水压系统、温度控制系统以及自动采集系统组成。系统分别采用 LVDT 和环式位移传感器测量试样的轴向和侧向变形。最大围压为 60MPa,最大偏压($\sigma_1-\sigma_3$)为 200MPa。系统的主要特点是:①全自动控制和数据采集;②可实现应变和应力加载控制方式,控制精度高。利用该试验系统不但可以完成干燥和饱和单轴、三轴以及孔隙水压和应力耦合作用下三轴蠕变试验,而且广泛地适用于硬岩、软岩以及含结构面岩石等等多种岩性结构状态下的常规单/三轴及流变试验。

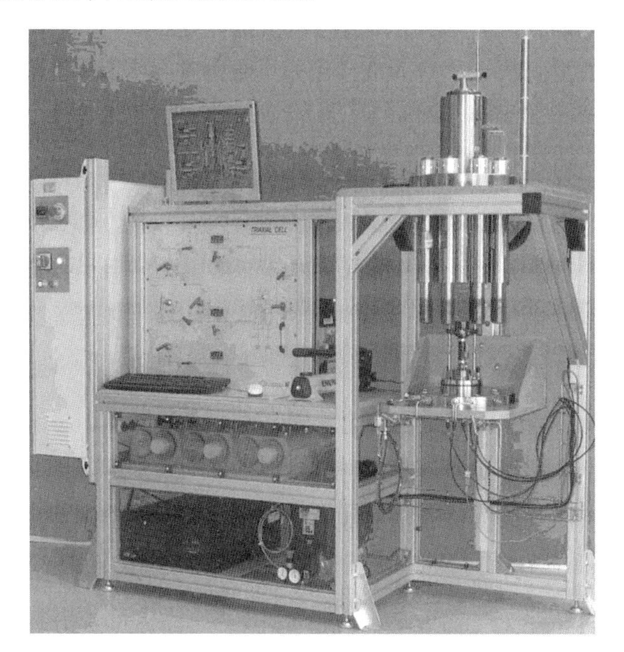

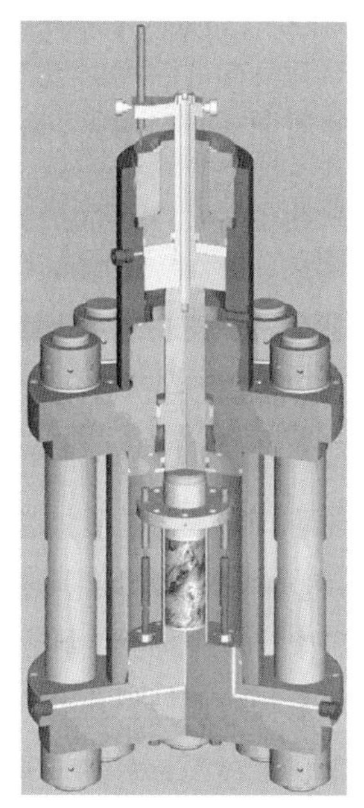

图 2.1　岩石多场耦合三轴伺服流变仪

3. 试验岩样

本试验所用的岩盐试样取自于湖北省云应岩盐矿区,取样盐层的埋深约为 400~600m。岩盐试样为灰白色,其物质组成成分和质量分数如表 2.1 所示,其中可溶物含量达 92.2%。

表 2.1　岩盐试样的物质组成成分

组成成分	可溶物		难溶物	不溶物
	NaCl	Na_2SO_4	$CaSO_4$	泥质
质量分数/%	80.7	11.5	4.7	3.1

岩盐试样的标准尺寸为 ϕ37.5mm×75mm，所加工出来的岩盐试样如图 2.2 所示。由于岩盐质脆、遇水易溶，因此，岩盐试样是通过手工切割、磨制加工而成。岩样的加工精度包括平行度、平直度和垂直度，在岩盐试样加工的过程中，不但要满足其加工精度，同时还要注意对岩盐试样的保护，以免对岩盐试样表面造成损坏，影响试验结果。岩盐试件的尺寸在直径上的误差为±0.5mm，高度上的误差为±1mm，每个试件保持两端平整、平行光滑。

图 2.2　圆柱形岩盐试件照片

在手工打磨岩盐试样的过程中，注意事项如下：

(1) 为了便于控制加工精度，同时保证岩盐的表面足够光滑，整个打磨过程全部用细砂纸，而且用手轻轻地将岩盐试样按住，不能用力过大。

(2) 时刻注意观察岩盐试样的打磨情况，刚开始打磨的时候，每隔 1～2min 就用游标卡尺对岩盐打磨的情况测量一次，以检查岩盐的平行度、平直度和垂直度情况，尤其到最后打磨阶段，每隔大约 10s 就要观察一下，只有这样才能使岩盐的加工精度尽可能的高。

(3) 在整个加工过程中，切记不能让岩盐和水等液体接触，即使是湿润的东西也不能接触，以免它们之间进行溶解、反应；同时，加工岩盐试样的房间也要注意保持干燥的环境，岩盐试样加工好以后用保鲜膜包裹好，放入干燥箱中存放。

4. 试验结果

通过试验可获得不同围压下岩盐应力-应变曲线，本次试验共进行了 7 组试验，每组试验共有 4 个岩盐试样进行试验。图 2.3 为一组岩盐试样在不同围压下(0MPa、2MPa、5MPa、15MPa)试验结果。

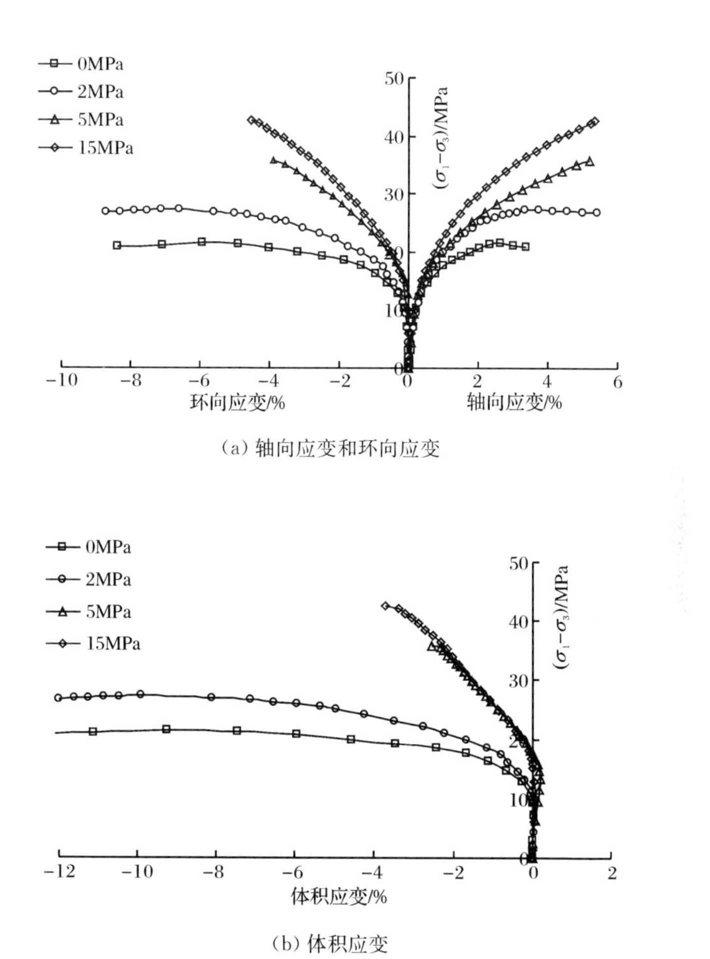

(a) 轴向应变和环向应变

(b) 体积应变

图 2.3　不同围压下(0MPa、2MPa、5MPa、15MPa)岩盐三轴压缩试验结果

2.1.2　石膏岩单/三轴压缩试验

1. 试验目的

通过该试验,研究石膏岩变形破坏机制,获取不同围压下石膏岩应力-应变曲线等试验结果,并为后续所建立的石膏岩力学模型提供试验依据。

2. 试验仪器

石膏岩单/三轴试验采用的设备为中科院武汉岩土力学研究所的 MTS 岩石力学试验系统,该试验系统主要用于岩石、混凝土等材料的电液伺服控制常规力学试验,配有伺服控制的全自动三轴加压和测量系统,并且完成了全数字化控制系统改造。该系统由以下部分组成。

加载部分：由液压源、单轴加压框架、三轴室、作动器、伺服阀、增压器等组成。

测试部分：由载荷、压力、位移、应变规等各种传感器组成。

控制部分：由反馈控制系统、数据采集器、计算机等控制软硬件组成。

程序控制包括：试验助手、静力试验软件、多功能试验软件、函数发生器控制等。

MTS岩石力学试验系统的主要功能有：可做单轴应力-应变全过程试验；可做三轴应力-应变全过程曲线；可按特殊试验过程要求进行可编程单、三轴试验；可在轴向载荷、轴向位移、轴向大量程的行程、环向位移控制中无冲击切换等。MTS岩石力学试验仪器如图2.4所示。

图2.4　MTS岩石力学试验系统

3. 试验岩样

试验所用的石膏岩样为ϕ50mm×100mm的圆柱形标准试件，其加工采取手工打磨的方式，比较费时费力，石膏岩试件的尺寸在直径上的误差为±0.5mm，高度上的误差为±1mm，每个试件保持两端平整、平行光滑。手工打磨石膏岩样的方式与前述手工打磨岩盐圆柱形标准试件的方式基本一致。

4. 试验结果

通过试验可获得不同围压下应力-应变曲线，本次试验共进行了3组试验，每组试验共有4个石膏岩试样(每个试样的围压不一致)进行试验，在试验的过程中安装链式轴向与径向应变传感器，同步得到其应力-应变全过程曲线。图2.5为一组石膏岩试样在不同围压下(2MPa、6MPa、10MPa、18MPa)的应力-应变曲线。

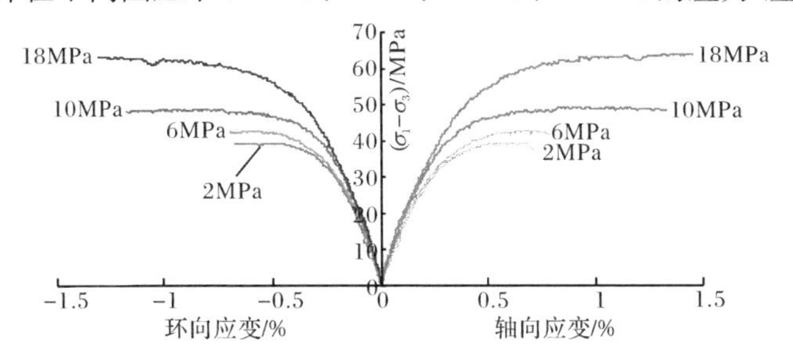

图2.5 不同围压下(2MPa、6MPa、10MPa、18MPa)石膏岩试样应力-应变曲线

2.1.3 单轴压缩条件下岩盐细观力学试验

1. 试验目的

通过该试验，观察在单轴压缩条件下随着加载应力的增加，岩盐裂纹变化特征，为研究岩盐细观力学破坏机制提供试验依据。

2. 试验仪器

单轴压缩条件下岩盐细观力学试验是在中国科学院武汉岩土力学研究所自行研制的应力-水流-化学耦合的岩石破裂全过程细观力学试验系统上进行的。该系统主要由全数字电液伺服控制细观加载系统、观测系统、流体力学和化学系统构成(如图2.6所示)，可以实现单轴或三轴压缩条件下岩石应力-水流-化学耦合过程的细观力学试验；具有对荷载和变形进行伺服控制的功能；可同时进行数据采集和控制，试验过程中可以对试件多个表面的破坏全过程进行实时监测和图像记录，并可以对某一个表面的破坏过程进行局部显微放大观测和记录；能够实现高精度、小荷载下的岩石破裂全过程的多项力学试验。

3. 试验岩样

试验所用的岩盐试样与岩盐常规三轴压缩试验采用的试样来源一致。试样的标准尺寸为15mm×15mm×30mm。手工打磨岩盐岩样的方式与前述基本一致，所加工的岩盐试样尺寸的误差在±0.3mm以内。

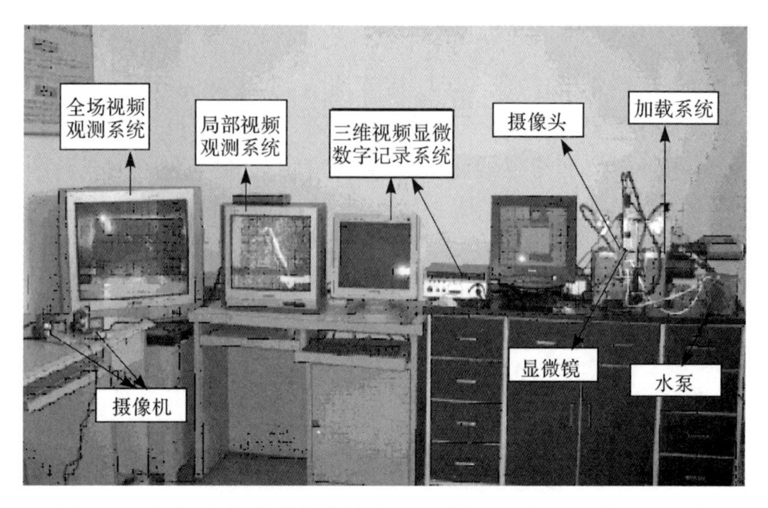

图 2.6　应力-水流-化学耦合的岩石破裂全过程细观力学试验系统

4. 试验结果

通过试验观察得出，岩盐在试验加载阶段裂纹的变化主要有以下四个阶段：

阶段①，在低应力水平时，除介质挤压密实、原始裂纹的压闭等局部结构调整外，几乎没有任何新的裂纹产生，如图 2.7(a)所示。

阶段②，较高水平的持续应力作用下，大量细观裂纹不断产生和扩展，如图 2.7(b)所示。

阶段③，随着应力的不断增加，大量细观裂纹不断产生和扩展，并逐渐形成细观主裂纹并继续扩展，如图 2.7(c)所示。

阶段④，当应力水平过高时，这些细观主裂纹会发展成为贯通性裂面，试件发生宏观破坏，如图 2.7(d)所示。

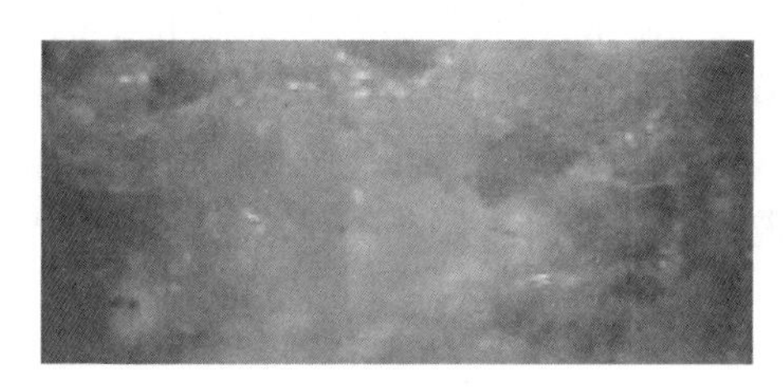

(a) 阶段①的岩样图片

(b) 阶段②的岩样图片

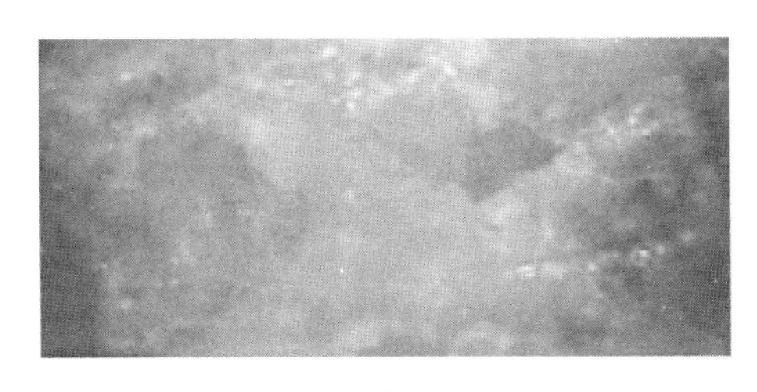

(c) 阶段③的岩样图片

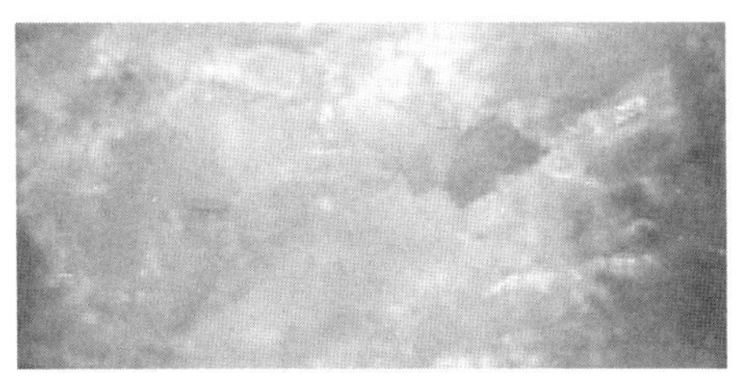

(d) 阶段④的岩样图片

图 2.7　不同裂纹变化阶段的岩盐试样照片(见彩图 2.7)

2.2　细观-宏观耦合的可溶岩弹塑性损伤耦合机理研究

在一定的应力作用下,岩石产生弹塑性变形,同时也会诱发损伤,新的损伤又会促使可溶岩产生进一步的变形。可见,岩石的弹塑性变形和损伤是耦合在一起的。以岩盐、石膏岩等可溶岩为研究对象,结合可溶岩力学性质试验结果分析(包括可溶岩(岩盐、石膏岩)常规单/三轴压缩试验和细观力学试验分析结果),对细观-宏观耦合的可溶岩弹塑性损伤耦合机理进行研究。

1. 可溶岩塑性特征

从不同围压下可溶岩(岩盐、石膏岩)应力-应变曲线(即图 2.3 和图 2.5)中可得出:

(1) 在低应力水平下,应力-应变曲线为直线,可溶岩(岩盐、石膏岩)的变形表现为弹性变形,而且弹性变形非常的小。当应力大于某个临界值时,应力-应变关系呈现明显的非线性,具有明显的塑性特征。

(2) 围压对可溶岩(岩盐、石膏岩)的强度和变形能力的影响显著,随围压的增加,其强度增大,变形能力增强;随着轴向变形的继续增加,在围压较小的条件下,试样表现为应变软化特征;而当围压较大时,试样则表现为明显的应变硬化特性。

(3) 可溶岩(岩盐、石膏岩)在压缩过程中存在着从体积压缩到膨胀的转变:刚开始过程中由于试样内的微裂纹的压密,体积不断减小;当应力增加到一定值后,试样体积不再减小而转变为体积不断增大,产生扩容现象。围压对体积减小阶段影响不明显;在体积扩容阶段,围压对其影响显著,随着围压增加,体积扩容能力减弱。

2. 可溶岩(岩盐)损伤机制

单轴压缩条件下岩盐细观力学试验结果(即图 2.7)表明,岩盐在受外部荷载作用过程中裂纹的变化过程经历了原始裂纹的压闭、细观裂纹产生与扩展、细观主裂纹的形成与扩展以及贯通性裂纹的形成等四个阶段。

岩盐是由晶体胶结形成的，其内部本身就存在着孔隙和微裂缝。在一定外部荷载下，微裂缝会不断地扩展，荷载增大到一定程度，还可能会造成岩盐晶体间胶结面的破坏，从而引起较大的损伤。

3. 可溶岩弹塑性损伤耦合机理

荷载作用下岩石发生的物理现象，首先是变形，随着作用荷载的逐渐增大，其变形量也增加，当荷载达到某一数值后，就会导致岩石的破坏。岩石力学的研究表明，岩石有两种基本破坏类型：一是脆性破坏，它的特点是岩石破坏时变生的变形相对较小；二是塑性破坏，这时产生明显的塑性变形而不呈现明显的破坏面。通常认为脆性破坏是由于岩石中裂隙产生和发展的结果，而塑性破坏，甚至可以处在塑性流动状态，这是由于组成物质颗粒间相互滑移所致。

基于岩石的两种基本破坏类型的特征，结合可溶岩(岩盐、石膏岩)常规单/三轴压缩试验结果与单轴压缩条件下岩盐细观力学试验结果，以及可溶岩塑性特征与损伤机制，可从细观-宏观耦合角度对可溶岩变形破坏机制解释如下：

(1) 可溶岩(岩盐、石膏岩)材料内部一开始就有微裂缝，当载荷不大时，初始裂缝的长度和宽度增加，并形成新的裂缝，但产生的裂缝很少，此时可溶岩(岩盐、石膏岩)处于弹性状态；但是随着载荷继续增加，裂缝会继续扩展，同时可溶岩(岩盐、石膏岩)晶体颗粒间胶结边界面也会被削弱，产生弹性破坏，从而导致晶体颗粒的位错运动，在内部产生较大的结构软化，产生塑性变形，同时也会诱发损伤，新的损伤又会促使可溶岩(岩盐、石膏岩)产生进一步的变形。

(2) 围压可以限制可溶岩(岩盐、石膏岩)试样中裂纹的产生和扩展，阻止晶粒间的相对滑移，从而提高了可溶岩(岩盐、石膏岩)的强度和延性变形能力，使得其在围压较高的情况下具有非常明显的塑性破坏特征，这是由于可溶岩(岩盐、石膏岩)中的结晶颗粒内部晶格间或矿物颗粒之间的滑移破坏所导致的，这也是体积膨胀(剪胀)的主要机制。

综上所述，在一定的应力作用下，可溶岩(岩盐、石膏岩)产生变形，从而同时产生以裂纹扩展为主要特征的损伤破坏机制和以裂纹错动为主要特征的塑性破坏机制，即可溶岩(岩盐、石膏岩)的弹塑性和损伤机制并存且相互耦合的，这种耦合的性质对于可溶岩围岩稳定性至关重要。因此，建立可溶岩(岩盐、石膏岩)弹塑性损伤耦合模型来描述其力学特性及变形特性是很有必要的。

2.3　可溶岩弹塑性损伤耦合模型研究

以弹塑性力学理论与损伤力学理论为基础,依据细观-宏观耦合的可溶岩弹塑性损伤耦合机理,建立适合于描述可溶岩(岩盐、石膏岩)变形破坏特征的可溶岩弹塑性损伤耦合模型。

2.3.1　塑性力学理论基础

塑性力学理论的任务是对呈现出弹塑性特性材料的应力应变关系加以数学上的描述。所谓塑性特性是用既不依赖于时间又不可恢复的应变来表征的。模拟弹塑性变形理论所必需的三条要求如下:

(1) 必须用显式关系来描述弹性条件下(即未出现塑性变形时)应力和应变关系。

(2) 要建立一个屈服准则,以此来说明开始出现塑性流动产生永久变形时应力值的大小。

(3) 必须研究屈服后状态的应力应变关系,这种状态下的变形同时由弹性和塑性两部分变形所构成。

下面从广义胡克定律、屈服准则、加载条件与加卸载准则、塑性位势流动理论、硬化模型与硬化定律等方面对塑性力学理论简介如下。

1. 广义胡克定律

在开始进入塑性屈服之前,应力和应变之间的关系可用标准的线弹性表达式来表示,即线弹性阶段的本构方程

$$\sigma_{ij}=C_{ijkl}\varepsilon_{kl} \tag{2.1}$$

式中:σ_{ij}为应力分量;ε_{kl}为应变分量;C_{ijkl}为弹性常数张量,对于各向同性材料,其显式形式为

$$C_{ijkl}=\lambda\delta_{ij}\delta_{kl}+\mu\delta_{ik}\delta_{jl}+\mu\delta_{il}\delta_{jk} \tag{2.2}$$

式中:当$i=j$时,$\delta_{ij}=1$;当$i\neq j$时,$\delta_{ij}=0$;λ和μ均为Lame常数,它们与弹性模量E和泊松比ν之间的关系为

$$\begin{cases}E=\dfrac{\mu(3\lambda+2\mu)}{\lambda+\mu}\\[2ex]\nu=\dfrac{\lambda}{2(\lambda+\mu)}\end{cases} \tag{2.3}$$

2. 屈服准则

屈服是塑性力学的重要概念与内容,要研究材料的塑性本构关系,首先要建

立材料产生屈服的准则。屈服准则可用来确定塑性变形产生时应力的大小,其表达式为

$$f(\sigma_{ij})=0 \tag{2.4}$$

式中:f 为某个函数。

从物理角度来看,任何屈服准则都不依赖于所选取的坐标系方向,因此它们只能是三个应力不变量 I_1、I_2、I_3 的函数,其表达式为

$$\begin{cases} I_1=\sigma_{ii} \\ I_2=\dfrac{1}{2}\sigma_{ij}\sigma_{ij} \\ I_3=\dfrac{1}{3}\sigma_{ij}\sigma_{jk}\sigma_{ki} \end{cases} \tag{2.5}$$

根据试验观察的结果,比较著名的是由 Bridgeman 给出的结果,说明金属的塑性变形实质上是与静水压无关的,因此屈服函数的形式为

$$f(\boldsymbol{J}_2,\boldsymbol{J}_3)=0 \tag{2.6}$$

式中:$\boldsymbol{J}_2$ 和 $\boldsymbol{J}_3$ 分别为偏应力张量的第二和第三不变量。偏应力张量定义为

$$S_{ij}=\sigma_{ij}-\frac{1}{3}\delta_{ij}\sigma_{kk} \tag{2.7}$$

下面对 Tresca 屈服准则、Mises 屈服准则、Mohr-Coulomb 屈服准则和 Drucker-Prager 屈服准则进行介绍,其中适用于岩土类材料的屈服准则是 Mohr-Coulomb 屈服准则和 Drucker-Prager 屈服准则。

1) Tresca 屈服准则

Tresca 屈服准则认为当最大剪应力达到某一定值时即开始屈服。若主应力为 σ_1、σ_2 与 σ_3,且 $\sigma_1\geqslant\sigma_2\geqslant\sigma_3$,那么当$\dfrac{\sigma_1-\sigma_3}{2}=k$ 时开始屈服,其中 k 是可由试验确定的材料参数。通过研究所有其他可能的最大剪应力值(例如,若 $\sigma_2\geqslant\sigma_3\geqslant\sigma_1$ 则为 $\sigma_2-\sigma_1$)可以看出,在主应力空间 $\sigma_1\sigma_2\sigma_3$ 中,这个准则的屈服曲面是一个以空间对角线为轴的正六角柱体,在偏平面上是一个正六边形。

当知道主应力的大小顺序时,应用 Tresca 准则简单方便,它主要适用于金属材料和摩擦角为零的纯黏性土。它的缺点就是没有考虑静水压力对屈服的影响,而且有棱角。

2) Mises 屈服准则

Mises 屈服准则的屈服函数为

$$f=\boldsymbol{J}_2-k^2=0 \tag{2.8}$$

式中:k 为待确定的材料参数;$\boldsymbol{J}_2$ 为偏应力张量的第二不变量。

$$\boldsymbol{J}_2=\frac{1}{2}S_{ij}S_{ij}=\frac{1}{6}[(\sigma_1-\sigma_2)^2+(\sigma_2-\sigma_3)^2+(\sigma_3-\sigma_1)^2] \tag{2.9}$$

由于与材料的形状变化(畸变)能有关,式(2.8)说明当材料的形状变化比能达到一定程度时,材料开始屈服,故 Mises 准则称为能量屈服准则;如果将其视为破坏准则,则 Mises 准则就是材料力学中的第四强度理论(即能量强度理论)。

对于大多数的金属,Mises 准则比 Tresca 准则与试验数据更加符合,但由于 Tresca 准则在理论应用上比较简单,故也经常使用。

3) Mohr-Coulomb 屈服准则

Mohr-Coulomb 屈服准则是 Coulomb 摩擦破坏规律的推广,该规律可定义为

$$\tau = c - \sigma \tan\phi \tag{2.10}$$

式中:σ 和 τ 分别为剪切面上的正应力(拉为正)和剪应力;c 和 ϕ 分别为材料的黏聚力和内摩擦角。

若 $\sigma_1 \geqslant \sigma_2 \geqslant \sigma_3$,式(2.10)可写为

$$\sigma_1 - \sigma_3 = 2c\cos\phi - (\sigma_1 + \sigma_3)\sin\phi \tag{2.11}$$

在主应力空间中,Mohr-Coulomb 屈服准则是一个以静水压力线为对称轴的六角锥体,六个锥角三三相等。该准则的最大优点是它不仅能反映岩土类材料的抗压强度对静水压力的敏感性,而且简单实用,材料参数可以通过各种不同的常规试验仪器和方法测定。但是 Mohr-Coulomb 准则不能反映中间主应力 σ_2 对屈服和破坏的影响以及静水压力也可以引起岩土屈服的特性,而且屈服曲面有棱角,不便于塑性应变增量的计算,这就给数值计算带来了困难。

4) Drucker-Prager 屈服准则

Drucker-Prager 屈服准则的屈服函数为

$$f(I_1, \sqrt{\boldsymbol{J}_2}) = \alpha I_1 + \sqrt{\boldsymbol{J}_2} - k = 0 \tag{2.12}$$

式中:α 和 k 为材料常数。

Drucker-Prager 屈服准则克服了 Mises 准则没有考虑静水压力对屈服与破坏的影响,这个屈服面是圆锥形的。为使在每个截面上 Drucker-Prager 圆与 Mohr-Coulomb 六边形的外顶点相吻合,必须满足:

$$\begin{cases} \alpha = \dfrac{2\sin\phi}{\sqrt{3}(3 - \sin\phi)} \\ k = \dfrac{6c\cos\phi}{\sqrt{3}(3 - \sin\phi)} \end{cases} \tag{2.13}$$

若要使 Drucker-Prager 圆与 Mohr-Coulomb 六边形的内部顶点相吻合,必须满足:

$$\begin{cases} \alpha = \dfrac{2\sin\phi}{\sqrt{3}(3 + \sin\phi)} \\ k = \dfrac{6c\cos\phi}{\sqrt{3}(3 + \sin\phi)} \end{cases} \tag{2.14}$$

3. 加载条件与加卸载准则

1）加载条件

塑性加载条件就是使应力继续保持在屈服曲面或后继屈服曲面上的条件，或者简单地说就是保证产生新的塑性变形条件，加载条件用 $\phi=0$ 表示。

对于理想塑性材料，加载条件就是屈服条件，其表达为

$$\phi(\sigma_{ij}) = f(\sigma_{ij}) = 0 \tag{2.15}$$

对于应变硬化材料，加载条件为

$$\phi(\sigma_{ij}, A_\alpha) = 0, \quad \alpha = 1,2,\cdots \tag{2.16}$$

式中：A_α 为硬化参量，表示由于塑性变形引起物质内部微观结构变化的参量。A_α 与塑性变形、加载历史有关，可以是塑性应变各种分量、塑性功或代表热力学状态的内变量。

2）加卸载准则

理想塑性材料的屈服面在应力空间中的形状、大小与位置都不发生变化，因此，保证应力变化不脱离屈服面的条件就是加载，否则就是卸载。对于正则屈服面，其数学表达式为

$$\begin{cases} f(\sigma_{ij}) = 0, \text{且 } \mathrm{d}f = \dfrac{\partial f}{\partial \sigma_{ij}}\mathrm{d}\sigma_{ij} = 0, & \text{加载} \\ f(\sigma_{ij}) = 0, \text{且 } \mathrm{d}f = \dfrac{\partial f}{\partial \sigma_{ij}}\mathrm{d}\sigma_{ij} < 0, & \text{卸载} \end{cases} \tag{2.17}$$

理想塑性材料没有硬化，屈服面不能扩大，故不可能出现 $\mathrm{d}f>0$ 的情况。

硬化材料的加载条件为式(2.16)，对正则曲面，加载条件的全微分为

$$\mathrm{d}\phi = \frac{\partial \phi}{\partial \sigma_{ij}}\mathrm{d}\sigma_{ij} + \frac{\partial \phi}{\partial A_\alpha}\mathrm{d}A_\alpha = 0 \tag{2.18}$$

这说明加载面的变化是由于应力增量 $\mathrm{d}\sigma_{ij}$ 和硬化参量增量 $\mathrm{d}A_\alpha$ 的变化而引起的；而 $\mathrm{d}A_\alpha$ 又是由于 $\mathrm{d}\sigma_{ij}$ 或($\mathrm{d}\varepsilon_{ij}^{p}$)而产生的。因此，在正则加载面上，硬化材料的加卸载准则可以只由应力的变化是否离开加载面来反映，其数学表达式为

$$\begin{cases} \phi = 0, \text{且 } \mathrm{d}\phi = \dfrac{\partial \phi}{\partial \sigma_{ij}}\mathrm{d}\sigma_{ij} > 0, & \text{加载} \\ \phi = 0, \text{且 } \mathrm{d}\phi = \dfrac{\partial \phi}{\partial \sigma_{ij}}\mathrm{d}\sigma_{ij} = 0, & \text{中性变载} \\ \phi = 0, \text{且 } \mathrm{d}\phi = \dfrac{\partial \phi}{\partial \sigma_{ij}}\mathrm{d}\sigma_{ij} < 0, & \text{卸载} \end{cases} \tag{2.19}$$

与理想塑性材料的加卸载准则式(2.17)比较，这里需要 $\phi=0$，$\mathrm{d}\phi>0$ 才表示加载，这说明加载面由于应变硬化而扩大。同时，这里多了一个中性变载条件，它意味着应力点在加载面上变化($\phi=0$)；但是塑性内变量 A_α 不发生变化，即不产生新

的塑性变形，只产生弹性变形($d\phi=0$)，但又不是卸载，故称为中性变载。

4. 塑性位势流动理论

塑性增量理论的一个重要内容就是如何确定塑性应变增量方向或塑性流动方向。通过 Drucker 公设的推论知道，塑性应变增量方向与加载面的梯度方向一致。但对于塑性流动来说，Drucker 公设只是充分条件，并非必要条件，也就是说塑性应变增量的方向也可以按其他方法确定。对岩土类材料来说，塑性流动方向一般并不是沿加载面的法线方向。

Mises 的塑性位势理论认为：假设对于塑性流动状态，存在着某种塑性势函数 g，并假设塑性势函数是应力或应力不变量的函数，即 $g(\sigma_{ij})$或 $g(I_1,\sqrt{\boldsymbol{J}_2},\boldsymbol{J}_3)$，塑性流动的方向与塑性势函数 $g(\sigma_{ij})$的梯度或外法线方向相同。Mises 的塑性位势理论又称为塑性流动规律或正交流动法则。塑性位势流动理论可以用数学公式表示为

$$d\varepsilon_{ij}^{p}=d\lambda^{p}\frac{\partial g}{\partial\sigma_{ij}}\tag{2.20}$$

式中：$d\lambda^{p}$为非负的塑性乘子，它表示塑性应变增量的大小。

塑性位势理论是对塑性应变方向的一种假设：如果假设塑性势函数等于屈服函数或加载函数，即 $g=f$ 或 $g=\phi$，称这种流动为与屈服条件或加载条件相关联的流动法则，由此而得的本构关系称为与屈服条件或加载条件相关联的本构关系；如果假设 $g\neq f$ 或 $g\neq\phi$，则塑性流动方向与屈服面或加载面不正交，但仍与塑性势面正交，称这种流动为与屈服条件或加载条件不相关联的流动法则或非正交流动法则，相应的本构关系为与屈服或加载条件不相关联的本构关系。

5. 硬化模型与硬化定律

硬化材料在加载过程中，随着加载应力及加载路径的变化，加载面的形状、大小以及加载面中心的位置甚至加载面的主方向都可能发生变化。硬化加载面在应力空间扩大，而软化加载面在应力空间缩小，但对硬化模型来说无本质差别。故以下所述的硬化规律或模型也适用于应变软化材料。

1) 硬化模型

(1) 各向同性硬化模型。

各向同性硬化时的加载函数可以由硬化参量的显式表示为

$$\phi(\sigma_{ij},\eta)=\phi(\sigma_{ij})-\eta=0\tag{2.21}$$

式中：η 为硬化系数，是硬化参量 A_α 的函数。

硬化参量 A_α 可以是塑性应变各分量 ε_{ij}^{p} 或塑性功 W^{p} 的函数。

(2) 随动硬化模型。

随动硬化模型假设加载面在一个方向发生硬化之后，则在相反的方向产生同样程度的弱化，反映在主应力空间就是加载面只做形状及大小不变的刚体平移，随动硬化的弹性范围不随加载面变化。随动硬化的加载函数为

$$\phi(\sigma_{ij}-\zeta_{ij})-\eta_c=0 \tag{2.22}$$

式中：η_c 为常数，反映初始屈服面的大小；ζ_{ij} 为移动应力张量，具有应力的单位，物理上反映加载面移动之后中心位置的应力大小，几何上反映主应力空间加载面中心的平移距离。

(3) 混合硬化模型。

混合硬化是各向同性硬化与随动硬化模型的组合，因此，混合硬化模型的加载面在主应力空间既可以平移，又可以做形状相似的扩大或缩小。混合硬化的加载函数可以表示为

$$\phi(\sigma_{ij}-\zeta_{ij},\eta)=\phi(\sigma_{ij}-\zeta_{ij})-\eta=0 \tag{2.23}$$

式中：ζ_{ij} 和 η 的意义与随动硬化时相同，但变化规律不同。

2) 硬化定律

首先针对不同的硬化模型建立硬化模量 H 的一般表达式，然后根据假设的不同硬化参量就可以建立具体的硬化定律或 H 的具体表达式。通过 Drucker 公设的推论知道，塑性标量乘子 $d\lambda^p$ 与硬化函数 a 和应力增量 $d\sigma_{ij}$ 有关，有

$$d\lambda^p=ad\phi=a\frac{\partial\phi}{\partial\sigma_{ij}}d\sigma_{ij}=\frac{1}{H}\frac{\partial\phi}{\partial\sigma_{ij}}d\sigma_{ij} \tag{2.24}$$

式中：H 为硬化模量，其为 a 的倒数，即 $H=\frac{1}{a}$。

当应力增加 $d\sigma_{ij}$ 之后，加载面扩大，相应的加载函数变为

$$\phi(\sigma_{ij}+d\sigma_{ij},\zeta_{ij}+d\zeta_{ij},\eta+d\eta)=\phi(\sigma_{ij}-\zeta_{ij},\eta)+d\phi=0 \tag{2.25}$$

由于加载 $d\sigma_{ij}$ 之后，应力点仍应保持在扩大后的加载面上，因此比较式(2.23)与式(2.25)之后可得

$$d\phi=\frac{\partial\phi}{\partial\sigma_{ij}}d\sigma_{ij}+\frac{\partial\phi}{\partial\zeta_{ij}}d\zeta_{ij}+\frac{\partial\phi}{\partial\eta}d\eta=0 \tag{2.26}$$

式(2.26)称为硬化(或软化)材料的相容性条件或一致性条件。

对于等向硬化来说，ζ_{ij} 不变，对 η 微分有

$$d\eta=\frac{\partial\eta}{\partial\varepsilon_{ij}^p}d\varepsilon_{ij}^p=\frac{1}{H}\frac{\partial\eta}{\partial\varepsilon_{ij}^p}\frac{\partial g}{\partial\sigma_{ij}}\frac{\partial\phi}{\partial\sigma_{kl}}d\sigma_{kl} \tag{2.27}$$

对于随动硬化来说，η 不变，则有

$$d\zeta_{ij}=a_1d\varepsilon_{ij}^p=a_1\frac{1}{H}\frac{\partial g}{\partial\sigma_{ij}}\frac{\partial\phi}{\partial\sigma_{kl}}d\sigma_{kl} \tag{2.28}$$

式中：a_1 为常数。

由式(2.23)可得

$$\frac{\partial\phi}{\partial\sigma_{ij}}\mathrm{d}\sigma_{ij}=-\frac{\partial\phi}{\partial\zeta_{ij}}\mathrm{d}\zeta_{ij} \tag{2.29}$$

将式(2.27)～式(2.29)代入式(2.26)中,有

$$\mathrm{d}\phi=\frac{\partial\phi}{\partial\sigma_{ij}}\mathrm{d}\sigma_{ij}-a_1\frac{1}{H}\frac{\partial\phi}{\partial\sigma_{ij}}\frac{\partial g}{\partial\sigma_{ij}}\frac{\partial\phi}{\partial\sigma_{kl}}\mathrm{d}\sigma_{kl}+\frac{1}{H}\frac{\partial\phi}{\partial\eta}\frac{\partial\eta}{\partial\varepsilon_{ij}^{\mathrm{p}}}\frac{\partial g}{\partial\sigma_{ij}}\frac{\partial\phi}{\partial\sigma_{kl}}\mathrm{d}\sigma_{kl} \tag{2.30}$$

由此求得

$$H=a_1\frac{\partial g}{\partial\sigma_{ij}}\frac{\partial\phi}{\partial\sigma_{ij}}-\frac{\partial\phi}{\partial\eta}\frac{\partial\eta}{\partial\varepsilon_{ij}^{\mathrm{p}}}\frac{\partial g}{\partial\sigma_{ij}}=H_1+H_2 \tag{2.31}$$

式中:H_1 为等向硬化模量;H_2 为随动硬化模量。

可见,假设不同的硬化函数 η 和 a_1 就形成不同的硬化定律。ϕ、g、η、a_1 确定以后,就可以根据式(2.32)和式(2.33)求出 H_1 和 H_2。

$$H_1=-\frac{\partial\phi}{\partial\eta}\frac{\partial\eta}{\partial\varepsilon_{ij}^{\mathrm{p}}}\frac{\partial g}{\partial\sigma_{ij}} \tag{2.32}$$

$$H_2=a_1\frac{\partial g}{\partial\sigma_{ij}}\frac{\partial\phi}{\partial\sigma_{ij}} \tag{2.33}$$

2.3.2　损伤力学理论基础

1. 热力学分析方法

1) 热力学第一定律

热力学第一定律是能量守恒定律,涉及热与功的相互转换,可叙述为:总能(动能和内能之和)的时间变化率等于外力的功率和热能率之和,即

$$\frac{\mathrm{d}}{\mathrm{d}t}(K+U)=W_1+W_2 \tag{2.34}$$

式中:K 为系统的动能;U 为系统的内能;W_1 为外力的功率;W_2 为热能率。

$$K=\frac{1}{2}\int_V\rho\frac{\partial u_i}{\partial t}\frac{\partial u_i}{\partial t}\mathrm{d}V \tag{2.35}$$

$$U=\int_V\rho e\,\mathrm{d}V \tag{2.36}$$

$$W_1=\int_V\rho b_i\frac{\partial u_i}{\partial t}\mathrm{d}V+\int_S\sigma_{ij}\frac{\partial u_i}{\partial t}n_j\mathrm{d}S \tag{2.37}$$

$$W_2=-\int_S q_in_i\mathrm{d}S+\int_V h\,\mathrm{d}V \tag{2.38}$$

式中:ρ 为物质密度;u_i 为位移矢量 $\boldsymbol{u}$ 的分量;b_i 为体力矢量 $\boldsymbol{b}$ 的分量;σ_{ij} 为应力张量的分量;V 与 S 分别为体积和面积;e 为单位质量内能密度;q_i 为外法线方向热通量矢 $\boldsymbol{q}$ 的分量;n_i 为外法线基矢 $\boldsymbol{n}$ 的分量;h 为由内热源或由辐射供给单位体积

的热率。

由式(2.34)可导出微分形式的能量方程为

$$\rho\dot{e} = \boldsymbol{\sigma} : \dot{\boldsymbol{\varepsilon}} + h - \mathrm{div}\boldsymbol{q} \tag{2.39}$$

式中:$\boldsymbol{\sigma} : \dot{\boldsymbol{\varepsilon}}$ 为应力功率。

式(2.39)表示物体内能的变化率等于应力功率与热量之和,它是热力学第一定律的一种表述形式。

2) 热力学第二定律

热力学第二定律(Clausius-Duhem 不等式)可写为

$$\rho T\dot{s} - \rho h + \mathrm{div}\boldsymbol{q} - \frac{1}{T}\boldsymbol{q}\,\mathrm{grad}T \geqslant 0 \tag{2.40}$$

式中:T 为温度;$\dot{s}$ 为单位质量介质的熵(比熵或熵密度)。

若令 $\boldsymbol{G}=-\frac{1}{T}\mathrm{grad}T$,则通过式(2.40)得到

$$\rho\dot{s} - \left(\frac{\rho h}{T} - \frac{1}{T}\mathrm{div}\boldsymbol{q} - \frac{1}{T}\boldsymbol{q} \cdot \boldsymbol{G}\right) \geqslant 0 \tag{2.41}$$

对于绝热过程,因 $\boldsymbol{q}=0$,$h=0$,式(2.41)可简化为

$$\dot{s} \geqslant 0 \tag{2.42}$$

对于可逆过程,式(2.42)取"="号;对于不可逆过程取">"号。

2. 热力损伤本构方程

将热力学第一定律和第二定律应用于本构泛函,导出受损材料的本构方程,简称为损伤本构方程。

设连续介质单位质量的亥姆霍兹(Helmholtz)自由能为

$$\phi = e - Ts \tag{2.43}$$

将式(2.43)对时间求导数,得到

$$\dot{\varphi} = \dot{e} - \dot{T}s - T\dot{s} \tag{2.44}$$

将式(2.44)代入式(2.41)(即 Clausius-Duhem 不等式),得

$$\rho\dot{s} - \rho\frac{\dot{e}}{T} + \frac{1}{T}\boldsymbol{\sigma} : \dot{\boldsymbol{\varepsilon}} + \frac{1}{T}\boldsymbol{q} \cdot \boldsymbol{G} \geqslant 0 \tag{2.45}$$

将式(2.44)代入式(2.39)和式(2.45),可得

$$\boldsymbol{\sigma} : \dot{\boldsymbol{\varepsilon}} - \rho(\dot{\varphi} + \dot{T}s) - \rho T\dot{s} + h - \mathrm{div}\boldsymbol{q} = 0 \tag{2.46}$$

$$\boldsymbol{\sigma} : \dot{\boldsymbol{\varepsilon}} - \rho(\dot{\varphi} + \dot{T}s) + \boldsymbol{q} \cdot \boldsymbol{G} \geqslant 0 \tag{2.47}$$

假定自由能 φ 是内部状态量 $\boldsymbol{\varepsilon}$、T、$\boldsymbol{A}$ 和损伤变量张量 $\boldsymbol{\omega}$ 的函数,即

$$\varphi = \varphi(\boldsymbol{\varepsilon}, T, \boldsymbol{A}, \boldsymbol{\omega}) \tag{2.48}$$

式中:$\boldsymbol{\omega}$ 为损伤变量张量;$\boldsymbol{A}$ 为其他的内变量张量。

由于内变量的实际含义不同，张量 $\boldsymbol{A}$ 的阶数可以是零阶（标量）、一阶（矢量）、二阶或高阶，与之对应的广义力定义为 $\boldsymbol{f}$，$\boldsymbol{f}$ 的阶数和 $\boldsymbol{A}$ 的阶数相对应，现假定它们都是二阶张量。

将式(2.48)对时间求导，可得

$$\dot{\varphi}=\frac{\partial\varphi}{\partial\boldsymbol{\varepsilon}}:\dot{\boldsymbol{\varepsilon}}+\frac{\partial\varphi}{\partial T}\cdot T+\frac{\partial\varphi}{\partial\boldsymbol{A}}:\dot{\boldsymbol{A}}+\frac{\partial\varphi}{\partial\boldsymbol{\omega}}:\dot{\boldsymbol{\omega}} \tag{2.49}$$

将式(2.49)代入式(2.46)和式(2.47)，可得

$$\left(\boldsymbol{\sigma}-\rho\frac{\partial\varphi}{\partial\boldsymbol{\varepsilon}}\right):\dot{\boldsymbol{\varepsilon}}-\rho\left(s+\frac{\partial\varphi}{\partial T}\right)\dot{T}-\rho T\dot{s}-\rho\frac{\partial\varphi}{\partial\boldsymbol{A}}:\dot{\boldsymbol{A}}-\rho\frac{\partial\varphi}{\partial\boldsymbol{\omega}}:\dot{\boldsymbol{\omega}}+h-\mathrm{div}\boldsymbol{q}=0 \tag{2.50}$$

$$\left(\boldsymbol{\sigma}-\rho\frac{\partial\varphi}{\partial\boldsymbol{\varepsilon}}\right):\dot{\boldsymbol{\varepsilon}}-\rho\left(s+\frac{\partial\varphi}{\partial T}\right)\dot{T}-\rho\frac{\partial\varphi}{\partial\boldsymbol{A}}:\dot{\boldsymbol{A}}-\rho\frac{\partial\varphi}{\partial\boldsymbol{\omega}}:\dot{\boldsymbol{\omega}}+\boldsymbol{q}\cdot\boldsymbol{G}\geqslant 0 \tag{2.51}$$

由式(2.50)和式(2.51)表示的热力学第一定律（能量守恒定律）和热力学第二定律（熵增加原理）对于任意的应变变化率 $\dot{\boldsymbol{\varepsilon}}$ 和温度变化率 $\dot{T}$ 都成立，故有

$$\boldsymbol{\sigma}=\rho\frac{\partial\varphi}{\partial\boldsymbol{\varepsilon}} \tag{2.52}$$

$$s=-\frac{\partial\varphi}{\partial T} \tag{2.53}$$

定义

$$\boldsymbol{f}=-\rho\frac{\partial\varphi}{\partial\boldsymbol{A}} \tag{2.54}$$

$$\boldsymbol{Y}=-\rho\frac{\partial\varphi}{\partial\boldsymbol{\omega}} \tag{2.55}$$

式中：$\boldsymbol{f}$ 为与 $\boldsymbol{A}$ 对应的广义热力学力；$\boldsymbol{Y}$ 为与损伤变量张量 $\boldsymbol{\omega}$ 对应的广义热力学力，称为损伤能量释放率，它的物理意义可以理解为表征材料内部微结构变化具有的抗力，就像断裂力学里的应变能释放率是应变能相对于裂纹面积或裂纹长度变化的变化率。

于是式(2.51)可写成

$$\boldsymbol{f}:\dot{\boldsymbol{A}}+\boldsymbol{Y}:\dot{\boldsymbol{\omega}}+\boldsymbol{q}\cdot\boldsymbol{G}\geqslant 0 \tag{2.56}$$

如果不考虑力学耗散与热耗散的耦合，则有

$$\boldsymbol{f}:\dot{\boldsymbol{A}}+\boldsymbol{Y}:\dot{\boldsymbol{\omega}}\geqslant 0 \tag{2.57}$$

$$\boldsymbol{q}\cdot\boldsymbol{G}\geqslant 0 \tag{2.58}$$

损伤耗散与力学过程中其他内部状态变量的相互影响相当复杂。为简化起见，并根据损伤具有不可逆特性，且仍不考虑它们之间的耦合[103]，则有

$$\boldsymbol{f}:\dot{\boldsymbol{A}}\geqslant 0 \tag{2.59}$$

$$\boldsymbol{Y}:\dot{\boldsymbol{\omega}}\geqslant 0 \tag{2.60}$$

2.3.3 可溶岩弹塑性损伤耦合模型建立的思路

对于岩石类材料，由于细观裂纹分布的方向性，引起的损伤通常也是各向异性的[104]。然而，对于可溶岩(岩盐、石膏岩)，根据试验观察，其力学行为的各向异性并不明显。因而，为了简单起见，宏观上可以用各向同性损伤去描述由细观裂纹引起的"劣化"过程，本书将采用一个标量来描述裂纹引起的可溶岩损伤。在等温条件下，状态变量由全应变张量 $\boldsymbol{\varepsilon}$ 和标量形式的损伤变量 $\boldsymbol{\omega}$ 组成。按照经典记法，全应变张量 $\boldsymbol{\varepsilon}$ 可以分解成弹性部分 $\boldsymbol{\varepsilon}^{\mathrm{e}}$ 和塑性部分 $\boldsymbol{\varepsilon}^{\mathrm{p}}$，表达式为

$$\begin{cases}\boldsymbol{\varepsilon}=\boldsymbol{\varepsilon}^{\mathrm{e}}+\boldsymbol{\varepsilon}^{\mathrm{p}},\\ \mathrm{d}\boldsymbol{\varepsilon}=\mathrm{d}\boldsymbol{\varepsilon}^{\mathrm{e}}+\mathrm{d}\boldsymbol{\varepsilon}^{\mathrm{p}}\end{cases} \tag{2.61}$$

假定对于可溶岩存在一个热力学势，且损伤过程是与塑性变形、塑性硬化耦合在一起的，热力学势表达式为

$$\psi=\frac{1}{2}(\boldsymbol{\varepsilon}-\boldsymbol{\varepsilon}^{\mathrm{p}}):\boldsymbol{C}(\omega):(\boldsymbol{\varepsilon}-\boldsymbol{\varepsilon}^{\mathrm{p}})+\psi_{\mathrm{p}}(\gamma_{\mathrm{p}},\omega) \tag{2.62}$$

式中：$\boldsymbol{C}(\omega)$为四阶的弹性刚度张量；$\psi_{\mathrm{p}}(\gamma_{\mathrm{p}},\omega)$为描述损伤材料塑性硬化的热力学势函数；$\gamma_{\mathrm{p}}$ 为塑性硬化的内部变量。

通过热力学势得到的本构方程为

$$\boldsymbol{\sigma}=\frac{\partial\psi}{\partial\boldsymbol{\varepsilon}^{\mathrm{e}}}=\boldsymbol{C}(\omega):(\boldsymbol{\varepsilon}-\boldsymbol{\varepsilon}^{\mathrm{p}}) \tag{2.63}$$

对于各向同性材料，遵循 Hill 记法[105]，损伤材料的有效弹性刚度张量的一般形式为

$$\boldsymbol{C}(\omega)=2\mu(\omega)\boldsymbol{K}+3k(\omega)\boldsymbol{J} \tag{2.64}$$

式中：$\mu(\omega)$和$k(\omega)$分别为岩盐的体积模量和剪切模量，它们随着损伤的发展而退化；$\boldsymbol{J}$ 和 $\boldsymbol{K}$ 为各向同性的对称四阶张量，其定义为

$$\begin{cases}\boldsymbol{J}=\dfrac{1}{3}\boldsymbol{\delta}\otimes\boldsymbol{\delta}\\ \boldsymbol{K}=\boldsymbol{I}-\boldsymbol{J}\end{cases} \tag{2.65}$$

式中：$\boldsymbol{\delta}$ 为二阶的单位张量；$\boldsymbol{I}=\boldsymbol{\delta}\otimes\boldsymbol{\delta}$ 为对称的四阶单位张量，$I_{ijkl}=\frac{1}{2}(\delta_{ik}\delta_{jl}+\delta_{il}\delta_{jk})$。

对任意的二阶张量 $\boldsymbol{E}$，$\boldsymbol{E}$ 的球张量 $\boldsymbol{J}:\boldsymbol{E}=\frac{1}{3}(\mathrm{tr}\boldsymbol{E})\boldsymbol{\delta}$，$\boldsymbol{E}$ 的偏张量 $\boldsymbol{K}:\boldsymbol{E}=\boldsymbol{E}-\frac{1}{3}(\mathrm{tr}\boldsymbol{E})\boldsymbol{\delta}$。

与损伤变量对应的损伤扩展力可以通过热力学势得到

$$Y_{\mathrm{d}}=-\frac{\partial\psi}{\partial\omega}=-\frac{1}{2}(\boldsymbol{\varepsilon}-\boldsymbol{\varepsilon}^{\mathrm{p}}):\boldsymbol{C}'(\omega):(\boldsymbol{\varepsilon}-\boldsymbol{\varepsilon}^{\mathrm{p}})-\frac{\partial\psi_{\mathrm{p}}(\gamma_{\mathrm{p}},\omega)}{\partial\omega} \tag{2.66}$$

四阶张量 $\boldsymbol{C}'(\omega)$ 是有效弹性刚度张量关于损伤变量的导数，可得

$$\boldsymbol{C}'(\omega)=\frac{\partial \boldsymbol{C}(\omega)}{\partial \omega} \tag{2.67}$$

由于内部力学耗散的非负性，有下列不等式成立：

$$\boldsymbol{\sigma}:\dot{\boldsymbol{\varepsilon}}^{\mathrm{p}}+Y_{\mathrm{d}}\dot{\omega}\geqslant 0 \tag{2.68}$$

最后，可以得到本构方程(即式(2.63))的增量形式为

$$\dot{\boldsymbol{\sigma}}=\boldsymbol{C}(\omega):\dot{\boldsymbol{\varepsilon}}^{\mathrm{e}}+\boldsymbol{C}'(\omega):\boldsymbol{\varepsilon}^{\mathrm{e}}\dot{\omega}=\boldsymbol{C}(\omega):(\dot{\boldsymbol{\varepsilon}}-\dot{\boldsymbol{\varepsilon}}^{\mathrm{p}})+\boldsymbol{C}'(\omega):(E-E^{\mathrm{p}})\dot{\omega} \tag{2.69}$$

式中："·"表示变量对时间的导数。

现在，要想建立可溶岩弹塑性损伤耦合模型的本构方程，还需要确定损伤和塑性应变的演化规律。

1. 损伤描述

对非黏性耗散，损伤演化定律可以由损伤准则派生出来，损伤准则是损伤扩展力(损伤能量释放率)的函数，形式为

$$f_{\mathrm{d}}(Y_{\mathrm{d}},\omega)=Y_{\mathrm{d}}-r(\omega)\leqslant 0 \tag{2.70}$$

式(2.70)作了简化，直接用损伤扩展力的显函数表示损伤准则，$r(\omega)$ 为在一定的材料损伤状态下的损伤能量释放率阈值。式(2.70)表明损伤演化仅与损伤变量 ω 有关。由于损伤扩展力 Y_{d} 依赖于塑性应变(见式(2.66))，所以损伤准则与塑性流动相关。根据正交法则，损伤演化率由下式确定：

$$\dot{\omega}=\dot{\lambda}_{\mathrm{d}}\frac{\partial f_{\mathrm{d}}}{\partial Y_{\mathrm{d}}}=\dot{\lambda}_{\mathrm{d}} \tag{2.71}$$

式中：$\dot{\lambda}_{\mathrm{d}}$ 为损伤乘子，是一个正的标量。

根据 Kuhn-Tucker 关系，加卸载条件可以表示为

$$\begin{cases}f_{\mathrm{d}}(Y_{\mathrm{d}},\omega)=0\\ \dot{\lambda}_{\mathrm{d}}\geqslant 0\\ f_{\mathrm{d}}(Y_{\mathrm{d}},\omega)\dot{\lambda}_{\mathrm{d}}=0\end{cases} \tag{2.72}$$

由式(2.66)和式(2.70)得到损伤的一致性条件为

$$\mathrm{d}f_{\mathrm{d}}=\frac{\partial f_{\mathrm{d}}}{\partial Y_{\mathrm{d}}}\dot{Y}_{\mathrm{d}}+\frac{\partial f_{\mathrm{d}}}{\partial r}\dot{r}=\frac{\partial Y_{\mathrm{d}}}{\partial \boldsymbol{\varepsilon}^{\mathrm{e}}}:\dot{\boldsymbol{\varepsilon}}^{\mathrm{e}}+\frac{\partial Y_{\mathrm{d}}}{\partial \gamma_{\mathrm{p}}}\frac{\partial \gamma_{\mathrm{p}}}{\partial \boldsymbol{\varepsilon}^{\mathrm{p}}}:\dot{\boldsymbol{\varepsilon}}^{\mathrm{p}}-r'(\omega)\dot{\omega}=0 \tag{2.73}$$

由式(2.71)和式(2.73)可以得到损伤乘子一般情况下的表达式为

$$\dot{\lambda}_{\mathrm{d}}=\frac{\dfrac{\partial Y_{\mathrm{d}}}{\partial \boldsymbol{\varepsilon}^{\mathrm{e}}}:\dot{\boldsymbol{\varepsilon}}^{\mathrm{e}}+\dfrac{\partial Y_{\mathrm{d}}}{\partial \gamma_{\mathrm{p}}}\dfrac{\partial \gamma_{\mathrm{p}}}{\partial \boldsymbol{\varepsilon}^{\mathrm{p}}}:\dot{\boldsymbol{\varepsilon}}^{\mathrm{p}}}{r'(\omega)} \tag{2.74}$$

式中：$r'(\omega)$ 为 r 对损伤变量 ω 的导数，即 $r'(\omega)=\dfrac{\partial r(\omega)}{\partial \omega}$。

由式(2.66)和式(2.74)可以得到，在没有塑性流动($\dot{\boldsymbol{\varepsilon}}^{\mathrm{p}}=0$)的情况下的损伤乘子的增量形式为

$$\dot{\lambda}_{\mathrm{d}}=\frac{\dfrac{\partial Y_{\mathrm{d}}}{\partial \boldsymbol{\varepsilon}^{\mathrm{e}}}:\dot{\boldsymbol{\varepsilon}}}{r'(\omega)}=-\frac{(\boldsymbol{C}'(\omega):\boldsymbol{\varepsilon}^{\mathrm{e}}):\dot{\boldsymbol{\varepsilon}}}{r'(\omega)} \tag{2.75}$$

从而由式(2.69)、式(2.71)和式(2.75)可以得到，没有塑性流动($\dot{\boldsymbol{\varepsilon}}^{\mathrm{p}}=0$)情况下的本构方程的增量形式为

$$\dot{\boldsymbol{\sigma}}=\boldsymbol{C}^{\mathrm{ed}}(\omega):\dot{\boldsymbol{\varepsilon}} \tag{2.76}$$

式中：$\boldsymbol{C}^{\mathrm{ed}}(\omega)$为弹性损伤切线张量，即

$$\boldsymbol{C}^{\mathrm{ed}}(\omega)=\boldsymbol{C}(\omega)-\frac{1}{r'(\omega)}(\boldsymbol{C}'(\omega):\boldsymbol{\varepsilon}^{\mathrm{e}})\otimes(\boldsymbol{C}'(\omega):\boldsymbol{\varepsilon}^{\mathrm{e}}) \tag{2.77}$$

2. 塑性描述

在非黏性流动的情况下，塑性应变率可以通过塑性屈服函数、塑性硬化定律和塑性流动法则来确定。塑性屈服准则和塑性势分别用两个不同的标量函数 f_{p} 和 g 表示，且都是应力张量、损伤变量和与内部硬化变量对应的广义力 η_{p} 的函数，其表达式为

$$f_{\mathrm{p}}(\boldsymbol{\sigma},\eta_{\mathrm{p}},\omega)\leqslant 0 \tag{2.78}$$

$$g(\boldsymbol{\sigma},\eta_{\mathrm{p}},\omega)\leqslant 0 \tag{2.79}$$

式中：η_{p} 为塑性硬化函数，它是内部硬化变量 γ_{p} 和损伤变量 ω 的函数，可由热力学势的偏导数得到

$$\eta_{\mathrm{p}}(\gamma_{\mathrm{p}},\omega)=\frac{\partial\psi(\varepsilon,\omega,\gamma_{\mathrm{p}})}{\partial\gamma_{\mathrm{p}}} \tag{2.80}$$

塑性流动法则和加卸载条件分别表示为

$$\dot{\boldsymbol{\varepsilon}}^{\mathrm{p}}=\dot{\lambda}_{\mathrm{p}}\frac{\partial g(\boldsymbol{\sigma},\eta_{\mathrm{p}},\omega)}{\partial\boldsymbol{\sigma}} \tag{2.81}$$

$$\begin{cases} f_{\mathrm{p}}(\boldsymbol{\sigma},\eta_{\mathrm{p}},\omega)=0\\ \dot{\lambda}_{\mathrm{p}}\geqslant 0\\ f_{\mathrm{p}}(\boldsymbol{\sigma},\eta_{\mathrm{p}},\omega)\dot{\lambda}_{\mathrm{p}}=0\end{cases} \tag{2.82}$$

由式(2.78)得到塑性一致性条件的公式为

$$\mathrm{d}f_{\mathrm{p}}=\frac{\partial f_{\mathrm{p}}}{\partial\boldsymbol{\sigma}}:\dot{\boldsymbol{\sigma}}+\frac{\partial f_{\mathrm{p}}}{\partial\eta_{\mathrm{p}}}\dot{\eta}_{\mathrm{p}}+\frac{\partial f_{\mathrm{p}}}{\partial\omega}\dot{\omega}=0 \tag{2.83}$$

由 $\eta_{\mathrm{p}}(\gamma_p,\omega)$可以得到

$$\dot{\eta}_{\mathrm{p}}=\frac{\partial\eta_{\mathrm{p}}}{\partial\gamma_{\mathrm{p}}}\dot{\gamma}_{\mathrm{p}}+\frac{\partial\eta_{\mathrm{p}}}{\partial\omega}\dot{\omega}=\frac{\partial\eta_{\mathrm{p}}}{\partial\gamma_{\mathrm{p}}}\frac{\partial\gamma_{\mathrm{p}}}{\partial\boldsymbol{\varepsilon}^{\mathrm{p}}}:\dot{\boldsymbol{\varepsilon}}^{\mathrm{p}}+\frac{\partial\eta_{\mathrm{p}}}{\partial\omega}\dot{\omega} \tag{2.84}$$

将式(2.61)、式(2.69)、式(2.81)和式(2.84)代入式(2.83)，得到塑性乘子在

一般情况下的表达式为

$$\dot{\lambda}_{\mathrm{p}}=\frac{\frac{\partial f_{\mathrm{p}}}{\partial \boldsymbol{\sigma}}:\boldsymbol{C}(\omega):\dot{\boldsymbol{\varepsilon}}+\left(\frac{\partial f_{\mathrm{p}}}{\partial \boldsymbol{\sigma}}:\boldsymbol{C}'(\omega):\dot{\boldsymbol{\varepsilon}}^{\mathrm{e}}+\frac{\partial f_{\mathrm{p}}}{\partial \eta_{\mathrm{p}}}\frac{\partial \eta_{\mathrm{p}}}{\partial \omega}+\frac{\partial f_{\mathrm{p}}}{\partial \omega}\right)\dot{\omega}}{H(\gamma_{\mathrm{p}},\omega)} \tag{2.85}$$

式中:标量函数 $H(\gamma_{\mathrm{p}},\omega)$ 为塑性硬化模量,其表达式为

$$H(\gamma_{\mathrm{p}},\omega)=\frac{\partial f_{\mathrm{p}}}{\partial \sigma}:\boldsymbol{C}(\omega):\frac{\partial g}{\partial \boldsymbol{\sigma}}-\frac{\partial f_{\mathrm{p}}}{\partial \eta_{\mathrm{p}}}\frac{\partial \eta_{\mathrm{p}}}{\partial \gamma_{\mathrm{p}}}\left(\frac{\partial \gamma_{\mathrm{p}}}{\partial \varepsilon^{\mathrm{p}}}:\frac{\partial g}{\partial \boldsymbol{\sigma}}\right) \tag{2.86}$$

在不存在损伤演化的情况下($\dot{\omega}=0$),塑性乘子由式(2.85)可以得到

$$\dot{\lambda}_{\mathrm{p}}=\frac{\frac{\partial f_{\mathrm{p}}}{\partial \boldsymbol{\sigma}}:\boldsymbol{C}(\omega):\dot{\boldsymbol{\varepsilon}}}{H(\gamma_{\mathrm{p}},\omega)} \tag{2.87}$$

把式(2.81)和式(2.87)代入式(2.69),得到不存在损伤演化的情况下($\dot{\omega}=0$),本构方程的增量形式为

$$\dot{\boldsymbol{\sigma}}=\boldsymbol{C}^{\mathrm{ep}}(\gamma_{\mathrm{p}},\omega):\dot{\boldsymbol{\varepsilon}} \tag{2.88}$$

式中:$\boldsymbol{C}^{\mathrm{ep}}$为四阶的切线弹塑性张量,表达式为

$$\boldsymbol{C}^{\mathrm{ep}}(\gamma_{\mathrm{p}},\omega)=\boldsymbol{C}(\omega)-\frac{\left(\boldsymbol{C}(\omega):\frac{\partial g}{\partial \boldsymbol{\sigma}}\right)\otimes\left(\boldsymbol{C}(\omega):\frac{\partial f_{\mathrm{p}}}{\partial \boldsymbol{\sigma}}\right)}{H(\gamma_{\mathrm{p}},\omega)} \tag{2.89}$$

需要说明的是,在采用非关联的塑性流动法则的情况下,切线弹塑性张量是不对称的。

3. 弹塑性损伤耦合特性描述

在一般的加载条件下,塑性流动和损伤演化为一耦合过程,塑性应变率和损伤演化率应该同时确定,可以通过在一个耦合系统里应用塑性和损伤的一致性条件实现。

由于式(2.73)表示的损伤一致性条件和式(2.83)表示的塑性一致性条件都是在一般情况下得出的,从而可以得到一个计算塑性和损伤乘子的方程组,即

$$\begin{cases}\mathrm{d}f_{\mathrm{d}}=\frac{\partial f_{\mathrm{d}}}{\partial Y_{\mathrm{d}}}\dot{Y}_{\mathrm{d}}+\frac{\partial f_{\mathrm{d}}}{\partial r}\dot{r}\\ \mathrm{d}f_{\mathrm{p}}=\frac{\partial f_{\mathrm{p}}}{\partial \boldsymbol{\sigma}}:\dot{\boldsymbol{\sigma}}+\frac{\partial f_{\mathrm{p}}}{\partial \eta_{\mathrm{p}}}\dot{\eta}_{\mathrm{p}}+\frac{\partial f_{\mathrm{p}}}{\partial \omega}\dot{\omega}\end{cases} \tag{2.90}$$

将式(2.61)、式(2.66)和式(2.81)代入式(2.74),得到

$$-r'(\omega)\dot{\lambda}_{\mathrm{d}}+\left[\frac{\partial Y_{\mathrm{d}}}{\partial \gamma_{\mathrm{p}}}\left(\frac{\partial \gamma_{\mathrm{p}}}{\partial \boldsymbol{\varepsilon}^{\mathrm{p}}}:\frac{\partial g}{\partial \boldsymbol{\sigma}}\right)-\left(\frac{\partial Y_{\mathrm{d}}}{\partial \boldsymbol{\varepsilon}^{\mathrm{e}}}:\frac{\partial g}{\partial \boldsymbol{\sigma}}\right)\right]\dot{\lambda}_{\mathrm{p}}+(\boldsymbol{C}'(\omega):\boldsymbol{\varepsilon}^{\mathrm{e}}):\dot{\boldsymbol{\varepsilon}}=0 \tag{2.91}$$

将式(2.71)代入到式(2.85),得到

$$\left[\frac{\partial f_{\mathrm{p}}}{\partial \boldsymbol{\sigma}} : \boldsymbol{C}'(\omega) : \boldsymbol{\varepsilon}^{\mathrm{e}} + \frac{\partial f_{\mathrm{p}}}{\partial \eta_{\mathrm{p}}} \frac{\partial \eta_{\mathrm{p}}}{\partial \omega}\right]\dot{\lambda}_{\mathrm{d}} - H(\gamma_{\mathrm{p}}, \omega)\dot{\lambda}_{\mathrm{p}} + \frac{\partial f_{\mathrm{p}}}{\partial \boldsymbol{\sigma}} : \boldsymbol{C}(\omega) : \dot{\boldsymbol{\varepsilon}} = 0 \tag{2.92}$$

联合式(2.91)和式(2.92)，得到求解塑性乘子 $\dot{\lambda}_{\mathrm{p}}$ 和损伤乘子 $\dot{\lambda}_{\mathrm{d}}$ 的方程组为

$$\begin{cases} -r'(\omega)\dot{\lambda}_{\mathrm{d}} + \left[\dfrac{\partial Y_{\mathrm{d}}}{\partial \gamma_{\mathrm{p}}}\left(\dfrac{\partial \gamma_{\mathrm{p}}}{\partial \boldsymbol{\varepsilon}^{\mathrm{p}}} : \dfrac{\partial g}{\partial \boldsymbol{\sigma}}\right) - \left(\dfrac{\partial Y_{\mathrm{d}}}{\partial \boldsymbol{\varepsilon}^{\mathrm{e}}} : \dfrac{\partial g}{\partial \boldsymbol{\sigma}}\right)\right]\dot{\lambda}_{\mathrm{p}} + (\boldsymbol{C}'(\omega) : \boldsymbol{\varepsilon}^{\mathrm{e}}) : \dot{\boldsymbol{\varepsilon}} = 0 \\ \left[\dfrac{\partial f_{\mathrm{p}}}{\partial \boldsymbol{\sigma}} : \boldsymbol{C}'(\omega) : \boldsymbol{\varepsilon}^{\mathrm{e}} + \dfrac{\partial f_{\mathrm{p}}}{\partial \eta_{\mathrm{p}}} \dfrac{\partial \eta_{\mathrm{p}}}{\partial \omega}\right]\dot{\lambda}_{\mathrm{d}} - H(\gamma_{\mathrm{p}}, \omega)\dot{\lambda}_{\mathrm{p}} + \dfrac{\partial f_{\mathrm{p}}}{\partial \boldsymbol{\sigma}} : \boldsymbol{C}(\omega) : \dot{\boldsymbol{\varepsilon}} = 0 \end{cases} \tag{2.93}$$

将式(2.93)计算出来的损伤乘子 $\dot{\lambda}_{\mathrm{d}}$ 和塑性乘子 $\dot{\lambda}_{\mathrm{p}}$ 分别代入式(2.71)和式(2.81)，计算出 $\dot{\omega}$ 和 $\dot{\boldsymbol{\varepsilon}}^{\mathrm{p}}$，然后通过式(2.69)，就可以得到一般加载条件下的本构方程的增量形式，即

$$\dot{\boldsymbol{\sigma}} = \boldsymbol{C}(\omega) : \left(\dot{\boldsymbol{\varepsilon}} - \dot{\lambda}_{\mathrm{p}} \frac{\partial g_{\mathrm{p}}}{\partial \boldsymbol{\sigma}}\right) + \boldsymbol{C}'(\omega) : \boldsymbol{\varepsilon}^{\mathrm{e}} \dot{\lambda}_{\mathrm{d}} \tag{2.94}$$

2.3.4 可溶岩弹塑性损伤耦合模型的具体描述

依据前述模型建立的思路，从可溶岩塑性模型、损伤模型两方面对可溶岩弹塑性损伤耦合模型进行描述。

1. 塑性模型

一般的屈服函数都是在 Mohr-Coulomb 屈服准则和 Drucker-Prager 屈服准则的基础上建立的，但是这两个屈服准则都是线性的。由前面的试验结果知道，围压对可溶岩(岩盐、石膏岩)的塑性屈服影响显著，线性的屈服准则不再适用于可溶岩(岩盐、石膏岩)。因此，在本书的模型中，所采用的屈服函数为

$$f_{\mathrm{p}}(\boldsymbol{\sigma}, \eta) = q - \eta_{\mathrm{p}}(\gamma_{\mathrm{p}}, \omega) P_{\mathrm{a}} \left(C_{\mathrm{c}} + \frac{p}{P_{\mathrm{a}}}\right)^{n} = 0 \tag{2.95}$$

式中：$p = \dfrac{1}{3}\mathrm{tr}\boldsymbol{\sigma}$，$q = \sqrt{3J_2}$，$J_2 = \dfrac{1}{2}\boldsymbol{S} : \boldsymbol{S}$，$\boldsymbol{S} = \boldsymbol{\sigma} - \dfrac{\boldsymbol{\sigma}}{3}\boldsymbol{\delta}$；$p$ 和 q 分别为平均应力(以压为正)和偏应力；P_{a} 为常量系数，用来将 p 无量纲化，通常取值为 1MPa；参数 C_{c} 为材料的黏聚力系数；n 为屈服面的曲率，当 $n=1$ 时，屈服函数可简化为典型的 Drucker-Prager 屈服函数。

用塑性硬化函数 $\eta_{\mathrm{p}}(\gamma_{\mathrm{p}}, \omega)$ 描述可溶岩(岩盐、石膏岩)的塑性硬化。根据可溶岩(岩盐、石膏岩)的应力-应变关系曲线，当可溶岩(岩盐、石膏岩)进入塑性变形阶段，轴向继续加载将引起材料强化效应；同时，考虑到可溶岩(岩盐、石膏岩)破坏过程中细观裂纹扩展引起的材料损伤，塑性硬化定律应该包含一个内部硬化变

量 γ_p 的递增函数和一个损伤变量 ω 的递减函数。在可溶岩(岩盐、石膏岩)三轴压缩试验数据的基础上,所提出的函数为

$$\eta_p(\gamma_p,\omega)=(1-\omega)\left[\eta_0+(\eta_n-\eta_0)\frac{\gamma_p}{b_1+\gamma_p}\right] \tag{2.96}$$

式中:b_1 为硬化速率参数;η_0 和 η_n 分别为初始屈服极限值和最终的塑性硬化值。

在式(2.96)中,硬化的速率受到两个相反趋势的控制:第一部分是随着塑性变形的发展递增的趋势,第二部分是随着损伤演化递减的趋势。

内部硬化变量采用广义塑性剪应变定义为

$$\mathrm{d}\gamma_p=\frac{\sqrt{\frac{2}{3}\mathrm{d}e_{ij}^{p}\mathrm{d}e_{ij}^{p}}}{\chi_p} \tag{2.97}$$

$$\mathrm{d}e_{ij}^{p}=\mathrm{d}\varepsilon_{ij}^{p}-\frac{\mathrm{d}\varepsilon_{kk}^{p}}{3}\delta_{ij} \tag{2.98}$$

通过对式(2.96)积分,可得到塑性应变能的表达式为

$$\psi_p(\gamma_p,\omega)=(1-\omega)\left[\eta_n\gamma_p-(\eta_n-\eta_0)b_1\ln\frac{b_1+\gamma_p}{b_1}\right] \tag{2.99}$$

如前面所述,随着轴向应力的增加,体积变形存在着从压缩到膨胀的转变;此外,随着围压的增加,体积变形的膨胀趋势越来越不明显。为了更好地描述塑性流动过程中的侧向变形,基于试验数据,并参考 Pietruszczak 等[106]的文献,提出了作为塑性势函数的非关联的流动法则:

$$g=q+\mu_c(1-\omega)(p+P_aC_s)\ln\frac{p+P_aC_s}{\bar{p}}=0 \tag{2.100}$$

式中:系数 $\bar{p}$ 对应于塑性势面和轴$(p+P_aC_s)>0$ 的交点;系数 $\mu_c(1-\omega)$代表 $\frac{q}{p+P_aC_s}$ 在 $\frac{\partial g}{\partial p}=0$ 这点处的斜率;如果体积压缩和膨胀分界线可以近似为一条直线,系数 $\mu_c(1-\omega)$就是这条分界线的斜率。

初始屈服面、破坏面、塑性势面和压缩-膨胀转换边界在 p-q 平面上的示意图如图 2.8 所示。

对于低围压下的三轴压缩测试,塑性膨胀在一开始就有可能产生。然而,在高围压下,首先会产生塑性压缩,然后才进入膨胀阶段。如果围压非常高,就不会有塑性膨胀产生。

2. 损伤模型

损伤演化定律确定以后,根据式(2.66),与损伤有关的损伤扩展力 Y_d 可以分成 Y_d^e 与 Y_d^p 两部分,Y_d^e 与弹性应变能释放率有关,Y_d^p 与塑性应变能释放率有关。对于可溶岩(岩盐、石膏岩),为了简化,假定损伤演化只是由与塑性能量释放率有

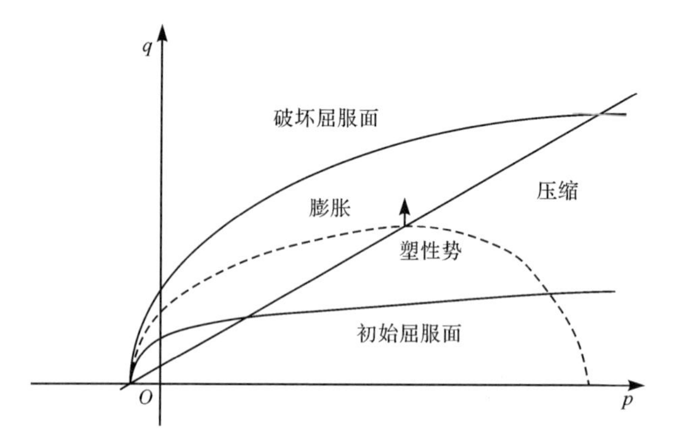

图 2.8　屈服面、塑性势面和压缩-膨胀边界示意图

关的损伤扩展力 $Y_{\mathrm{d}}^{\mathrm{p}}$ 控制，$Y_{\mathrm{d}}^{\mathrm{p}}$ 的表达式为

$$Y_{\mathrm{d}}^{\mathrm{p}}(\gamma_{\mathrm{p}})=-\frac{\partial\psi_{\mathrm{p}}}{\partial\omega}=\eta_n\gamma_{\mathrm{p}}-(\eta_n-\eta_0)b_1\ln\frac{b_1+\gamma_{\mathrm{p}}}{b_1} \tag{2.101}$$

对于一个与时间无关的损耗过程，损伤演化定律由一个损伤准则来确定，这个准则是与塑性应变能释放率有关的损伤扩展力 $Y_{\mathrm{d}}^{\mathrm{p}}(\gamma_{\mathrm{p}})$ 的函数。采用的损伤准则为

$$f_{\mathrm{d}}(Y_{\mathrm{d}}^{\mathrm{p}},\omega)=\omega_{\mathrm{c}}\mathrm{e}^{-B_{\mathrm{d}}Y_{\mathrm{d}}^{\mathrm{p}}}-\omega\leqslant 0 \tag{2.102}$$

式中：参数 B_{d} 控制着损伤演化的速率；ω_{c} 为损伤终值，它决定材料的残余强度，其值随围压的变化规律如图 2.9 所示。

$$\omega_{\mathrm{c}}=\omega_{\mathrm{c}}^{0}\mathrm{e}^{-\beta P_{\mathrm{c}}} \tag{2.103}$$

式中：ω_{c}^{0} 为单轴条件下的损伤终值；P_{c} 为围压。

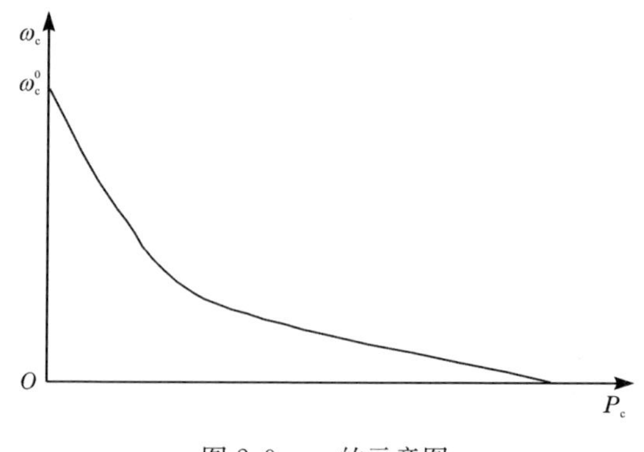

图 2.9　ω_{c} 的示意图

对各向同性材料，通常采用两个独立的弹性参数，体积模量和剪切模量。根据相关的细观力学分析[107]，体积模量和剪切模量是独立的。同时考虑到弹性参

数随着损伤的发展而退化，损伤导致的弹性参数的退化可表示为

$$\mu(\omega)=\mu_0[1-\omega],\quad k(\omega)=k_0[1-\omega] \tag{2.104}$$

式中：μ_0 为材料未产生损伤时的体积模量；k_0 为材料未产生损伤时的剪切模量。

3. 模型参数汇总

可溶岩弹塑性损伤耦合模型参数汇总如表 2.2 所示。

表 2.2　模型参数汇总

种类	名称
弹性相关参数	弹性模量 E，泊松比 ν 材料的黏聚力系数 C_c
塑性相关参数	屈服面的曲率 n，最终的塑性硬化值 η_n 初始屈服极限值 η_0，硬化速率参数 b_1 体积压缩和膨胀分界线斜率 μ_c
损伤相关参数	损伤演化的动力学特征参数 B_d 单轴条件下损伤终值 ω_c^0 损伤终值与围压之间的系数 β

2.3.5　模型计算方法与计算参数确定

1. 模型计算方法

针对所建立的可溶岩弹塑性损伤耦合模型，采用有限元数值计算方法，模型数值计算流程如图 2.10 所示，具体计算过程如下：

(1) 在第 $k-1$ 步结束时，有以下的状态变量和内部变量已知：$\boldsymbol{\sigma}^{(k-1)}$、$\boldsymbol{\varepsilon}^{(k-1)}$、$\boldsymbol{\omega}^{(k-1)}$、$\boldsymbol{\varepsilon}^{e(k-1)}$、$\gamma_p^{(k-1)}$。

(2) 给定一个全应变的增量：$\Delta\boldsymbol{\varepsilon}^{(k)}$，则有 $\boldsymbol{\varepsilon}^{(k)}=\boldsymbol{\varepsilon}^{(k-1)}+\Delta\boldsymbol{\varepsilon}^{(k)}$。

(3) 尝试性的弹性预测：$\Delta\tilde{\boldsymbol{\sigma}}^{(k)}=\boldsymbol{C}(\boldsymbol{\omega}^{(k-1)}):\Delta\boldsymbol{\varepsilon}^{(k)}$，$\tilde{\boldsymbol{\varepsilon}}^{e(k)}=\boldsymbol{\varepsilon}^{e(k-1)}+\Delta\boldsymbol{\varepsilon}^{(k)}$。

(4) 采用弹性预测得到的应力$\tilde{\boldsymbol{\sigma}}^{(k)}$，验证应力状态是否越过了塑性屈服面，检查 $f_p(\tilde{\boldsymbol{\sigma}}^{(k)},\gamma_p^{(k-1)},\omega^{(k-1)})$。

(5) 如果 $f_p>0$，通过式(2.87)计算塑性乘子 $\Delta\gamma_p^{(k)}$，得到塑性应变的增量 $\Delta\boldsymbol{\varepsilon}_p^{(k)}$；进而更新塑性应变 $\boldsymbol{\varepsilon}_p^{(k)}$ 和塑性硬化变量 $\gamma_p^{(k)}$，并根据塑性变形增量调整应力张量 $\boldsymbol{\sigma}^{(k)}$。

(6) 通过式(2.75)计算损伤乘子，由损伤准则(即式(2.102))可以得到损伤变量的增量 $\Delta\omega^{(k)}$，然后更新损伤变量的当前值 $\omega^{(k)}$ 和刚度张量 $\boldsymbol{C}^{ed}(\omega^{(k)})$。

(7) 再次验证调整后的应力状态是否回到了塑性屈服面内，即验证 $f_p(\tilde{\boldsymbol{\sigma}}^{(k)}$，

$\gamma_p^{(k)}, \omega^{(k)}) \leqslant 0$。如果 $f_p(\tilde{\boldsymbol{\sigma}}^{(k)}, \gamma_p^{(k)}, \omega^{(k)}) \leqslant 0$,进行下一步加载。

(8) 如果 $f_p(\tilde{\boldsymbol{\sigma}}^{(k)}, \gamma_p^{(k)}, \omega^{(k)}) > 0$,则表明调整后的应力状态仍然越过了塑性屈服面内,则需要返回第(5)步,重新计算塑性乘子。

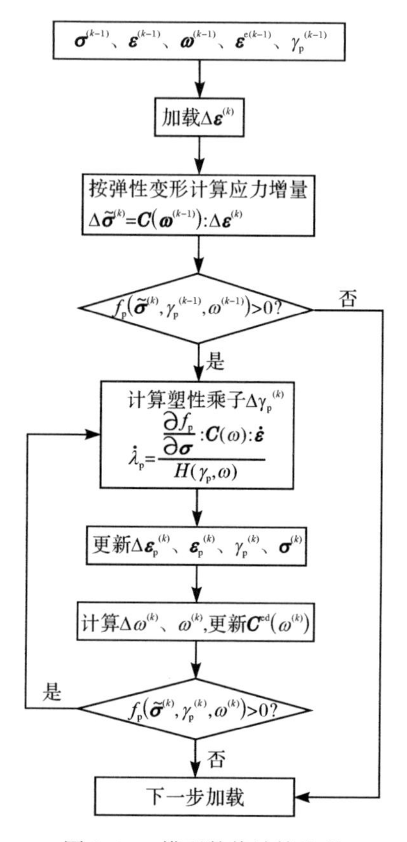

图 2.10　模型数值计算流程

2. 模型计算参数确定

可通过不同围压下的三轴压缩测试试验结果对表 2.2 中所列的模型计算参数进行求取,各计算参数具体确定方法如下:

(1) 在模型中使用的弹性参数可由三轴压缩试验弹性阶段数据获得。

(2) 根据不同围压条件下三轴压缩试验的峰值强度,得到破坏屈服面曲线;然后采用屈服函数拟合此曲线,确定屈服函数中的参数(C_c, n, η_n)。

(3) 根据试验结果得到的初始屈服面,确定初始屈服极限值 η_0。

(4) 通过研究初始屈服面向破坏屈服面演化的规律,可确定硬化速率参数 b_1。

(5) 在应力-应变曲线上,首先确定不同围压下体积变形接近于零时的应力值，然后根据得到的数据点，就可以获得体积压缩-膨胀分界线，从而求取参数 μ_c。

(6) ω_c^0 表示单轴条件下的损伤终值，其值等于单轴条件下残余强度与峰值强度的比值；β 可以通过拟合不同围压条件下的损伤终值得到。

(7) 以上参数确定后，塑性屈服函数和势函数及损伤演化函数中的其他模型参数可通过拟合常规三轴试验的强度曲线来确定。

2.3.6　模型合理性验证

为了验证所建立的可溶岩弹塑性损伤耦合模型的合理性，对岩盐的常规单/三轴试验结果进行模拟，数值模拟所用的模型参数如表 2.3 所示。

表 2.3　数值模拟所使用的模型参数值

种类	名称
弹性相关参数	E=5394MPa，v=0.343
塑性相关参数	C_c=4.2，n=0.42，η_0=14，η_n=45，b_1=1.3×10^{-2}，μ_c=1.0
损伤相关参数	B_d=0.12，ω_c^0=0.5，β=−0.2554

不同围压下试验值与模拟值对比如图 2.11 所示。从图 2.11 中可知：

(1) 在单轴压缩和较低围压下，由于损伤引起的软化特性通过数值模拟得到了很好的描述。

(2) 岩盐的塑性变形随着围压的增大变得更加明显的特性也得到了很好的模拟。

(3) 通过数值模拟得到的应力-应变曲线和通过试验得到的应力-应变曲线在总体趋势上也吻合得较好，说明岩盐的变形特性和强度特性都得到了较好的模拟。

综上所述，所建立的可溶岩弹塑性损伤耦合模型能够较好地描述可溶岩(岩盐)的基本力学特性和变形特性。

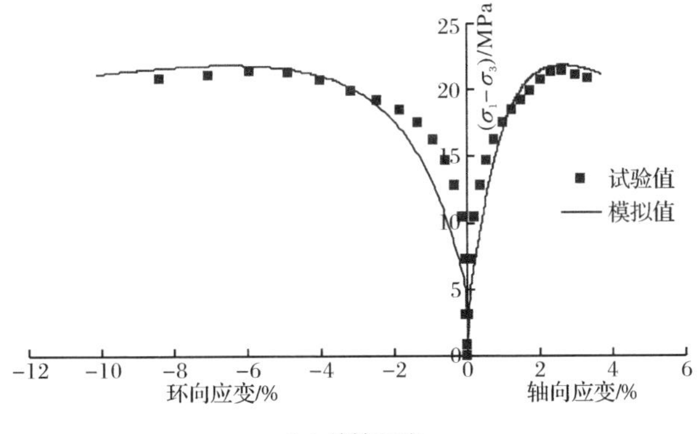

(a) 单轴压缩

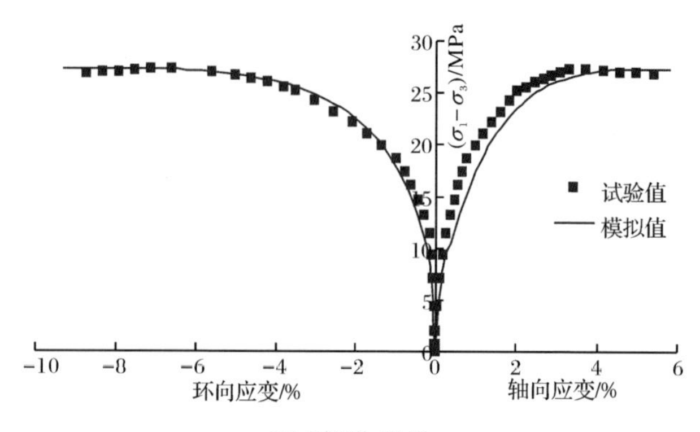

(b) 围压为 2MPa

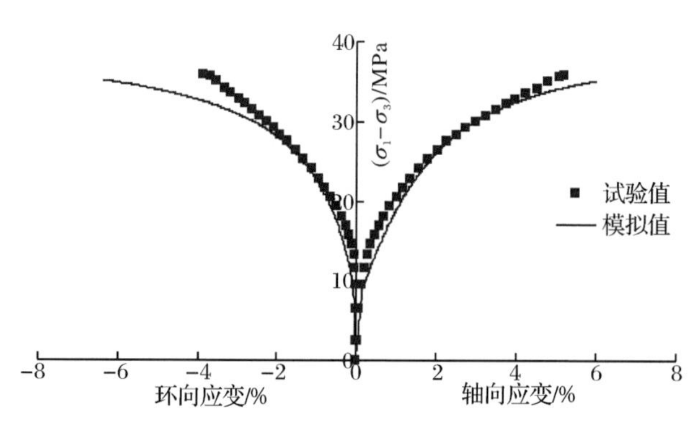

(c) 围压为 5MPa

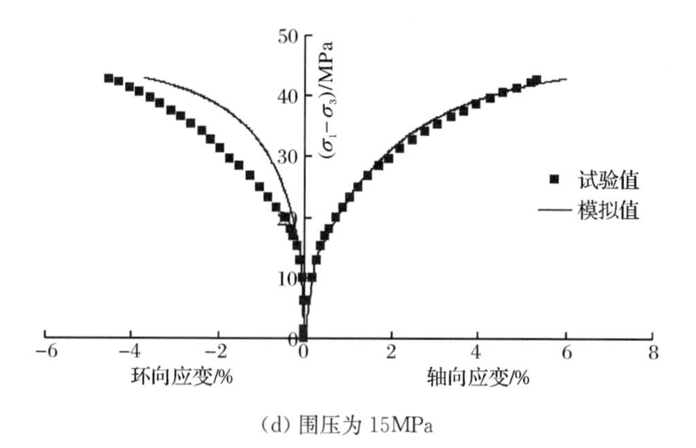

(d) 围压为 15MPa

图 2.11　不同围压下试验值与模拟值对比

2.4　可溶岩塑性力学模型研究

前述的可溶岩弹塑性损伤耦合模型能够较好地描述可溶岩的基本力学特性和变形特性，但该模型的计算参数较多且确定方式较复杂，计算方法较为繁琐，导致该模型应用于实际工程时局限性较大；前述的可溶岩(岩盐、石膏岩)力学试验结果表明，其具有明显的塑性变形特征，故为了便于后续的可溶岩应力-溶解耦合效应与可溶岩围岩稳定性研究，从宏观力学方面，采用塑性力学理论对可溶岩的力学特性进行描述。

可溶岩(岩盐、石膏岩)力学试验结果中轴向应力-轴向应变曲线反映其具有明显的应变硬化-软化特征，故可采用应变硬化-软化模型对无溶蚀作用下可溶岩(岩盐、石膏岩)塑性力学行为进行描述。本节基于应变硬化-软化模型，以及可溶岩(岩盐、石膏岩)力学试验结果，对无溶蚀作用下可溶岩(岩盐、石膏岩)塑性力学模型参数进行确定。

2.4.1　应变硬化-软化模型

应变硬化-软化模型是基于与剪切流动法则不相关联而与拉力流动法则相关联的 Mohr-Coulomb 模型的，差别在于塑性屈服开始后，黏聚力、内摩擦角、剪胀扩容和抗拉强度等强度参数可能会发生变化。在 Mohr-Coulomb 模型中，这些性质都假定保持为常量。在应变硬化-软化模型中可以自己定义黏聚力、内摩擦角、剪胀为硬化参数的分段线性函数，这些硬化参数量测塑性剪切应变。抗拉强度软化法则也可被设定为其他量测塑性拉应变的硬化参数的分段线性函数。这种模型通过在每个时步增加硬化参数以计算总的塑性剪切应变和拉应变，并以此促使材料性质同所定义的函数保持一致。此模型的屈服函数和势函数，塑性流动法则和应力修正同 Mohr-Coulomb 模型的完全一致。针对应变硬化-软化模型及其 FLAC^{3D}计算方法简介如下[108]。

1. FLAC 计算原理简介

FLAC 方法是一种显示差分方法，其求解过程具有以下几个特点：

(1) 连续介质被离散为若干相互连接的实体单元，作用力均被等效集中作用在节点上。

(2) 变量关于空间和时间的一阶导数均用有限差分来近似。

(3) 采用动态松弛方法，应用质点运动方程求解，通过阻尼使系统运动衰减至平衡状态。

FLAC 方法在计算中不需通过迭代满足本构关系，只需使应力根据应力应变关系，随应变变化而变化。下面对 FLAC 方法简要介绍。

1) 运动方程

描述物体运动的基本方程可表达为

$$\rho \frac{\partial \dot{u}}{\partial t} = \frac{\partial \sigma_{ij}}{\partial x_i} + \rho g_i \tag{2.105}$$

式中：ρ 为物体的密度；t 为时间；x_i 为坐标向量的分量；g_i 为重力加速度分量；σ_{ij} 为应力张量分量。

FLAC^{3D}以节点为计算对象，将力和质量均集中在节点上，然后通过运动方程在时域内进行求解，节点运动方程可表示为

$$\frac{\partial v_i^l}{\partial t} = \frac{F_i^l(t)}{m^l} \tag{2.106}$$

式中：$F_i^l(t)$为在 t 时刻 l 节点的在 i 方向的不平衡力分量；v_i^l 为在 t 时刻 l 节点的在 i 方向的速度，可由虚功原理导出；m^l 为 l 节点的集中质量，在分析静态问题时，采用虚拟质量以保证数值稳定，而在分析动态问题时则采用实际的集中质量。

将式(2.106)左端用中心差分来近似，可得到

$$v_i^l\left(t+\frac{\Delta t}{2}\right)= v_i^l\left(t-\frac{\Delta t}{2}\right)+\frac{F_i^l(t)}{m^l}\Delta t \tag{2.107}$$

式中：v_i^l 为在 t 时刻 l 节点的在 i 方向的速度；$F_i^l(t)$为在 t 时刻 l 节点的在 i 方向的不平衡力分量；Δt 为时间差分增量。

2) 本构方程

应变速率与速度变量关系可表示为

$$\dot{e}_{ij} = \left[\frac{\partial \dot{u}_i}{\partial x_j} + \frac{\partial \dot{u}_j}{\partial x_i}\right] \tag{2.108}$$

式中：$\dot{e}_{ij}$为应变速率分量；$\dot{u}_i$ 为速度分量。

本构关系有如下形式：

$$\sigma_{ij} = M(\sigma_{ij}, \dot{e}_{ij}, k) \tag{2.109}$$

式中：k 为时间历史参数；$M(\cdot)$为本构方程形式。

3) 边界条件

在 FLAC 程序中，对于固体来说，存在应力边界条件或位移边界条件。在给定的网格点上，位移用速度表示。对于应力边界条件而言，力可由下式求出：

$$F_i = \sigma_{ij}^b n_i \Delta s \tag{2.110}$$

式中：n_i 为边界段外法线方向单位矢量；Δs 为应力 σ_{ij}^b 作用的边界段的长度。对于特定的网格节点，力 F_i 被加到相应网格点外力和之中。

4) 应变、应力及节点不平衡力

FLAC^{3D}由速率来求某一时步的单元应变增量，如

$$\Delta e_{ij} = \frac{1}{2}(v_{i,j} + v_{j,i})\Delta t \tag{2.111}$$

根据式(2.111)求得应变增量,再代入式(2.109)可求出应变增量,各时步的应力增量叠加即可求出总应力。

5)阻尼力

对于静态问题,在式(2.107)的不平衡力中加入了非黏性阻尼,以使系统的振动逐渐衰减至平衡状态(即不平衡力接近于零)。此时,式(2.106)可变为

$$\frac{\partial v_i^l}{\partial t} = \frac{F_i^l(t) + f_i^l(t)}{m^l} \tag{2.112}$$

阻尼力为

$$f_i^l(t) = -\alpha \left| F_i^l(t) \right| \mathrm{sign}(v_i^l) \tag{2.113}$$

式中:α 为阻尼系数。

$$\mathrm{sign}(v_i^l) = \begin{cases} 1, & y > 0 \\ -1, & y < 0 \\ 0, & y = 0 \end{cases} \tag{2.114}$$

6)计算流程

FLAC^{3D}程序计算流程如图 2.12 所示。

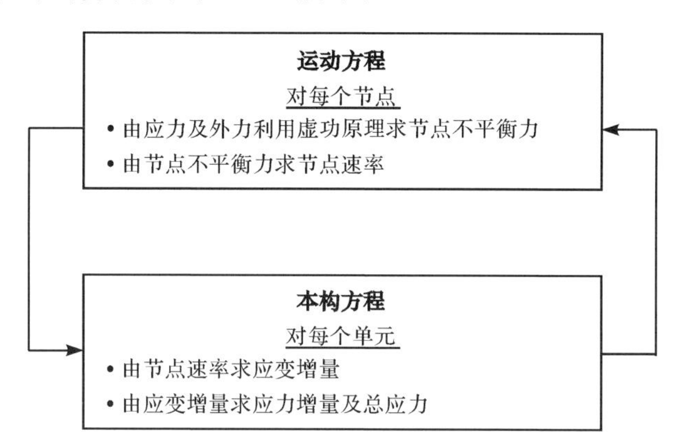

图 2.12　FLAC^{3D}程序计算流程

由以上原理可以看出,无论是动力问题还是静力问题,FLAC^{3D}程序均由运动方程用显式方法进行求解,这使得它很容易模拟动力问题,如振动、失稳、大变形。对显式方法来说,非线性本构关系与线性本构关系并无算法上的差别,对于已知的应变增量,可以很方便地求出应力增量,并得到不平衡力,这就同实际物理过程一样,可以跟踪系统的演化过程。在计算过程中程序可以随意中断与进行,可以随意改变计算参数和边界条件。

2. 应变硬化-软化模型在FLAC^{3D}软件中的计算方法

应变硬化-软化模型在FLAC^{3D}软件中的计算方法具体描述如下：

1) 增量弹性法则

假定三个方向的主应力 $\sigma_1 \leqslant \sigma_2 \leqslant \sigma_3$，主应力增量分别为 $\Delta\sigma_1$、$\Delta\sigma_2$ 和 $\Delta\sigma_3$，相应的主应变增量为 Δe_1、Δe_2 和 Δe_3，可以分解为

$$\Delta e_i = \Delta e_i^{\mathrm{e}} + \Delta e_i^{\mathrm{p}}, \quad i = 1,3 \tag{2.115}$$

式中：上标 e 和 p 分别指弹性和塑性部分，塑性分量只在塑性流动阶段不为零。

胡克定律的主应力和主应变的增量表达式为

$$\begin{cases} \Delta\sigma_1 = \alpha_1 \Delta e_1^{\mathrm{e}} + \alpha_2 (\Delta e_2^{\mathrm{e}} + \Delta e_3^{\mathrm{e}}) \\ \Delta\sigma_2 = \alpha_1 \Delta e_2^{\mathrm{e}} + \alpha_2 (\Delta e_1^{\mathrm{e}} + \Delta e_3^{\mathrm{e}}) \\ \Delta\sigma_3 = \alpha_1 \Delta e_3^{\mathrm{e}} + \alpha_2 (\Delta e_1^{\mathrm{e}} + \Delta e_2^{\mathrm{e}}) \end{cases} \tag{2.116}$$

式中：$\alpha_1 = K + \frac{4}{3}G$；$\alpha_2 = K - \frac{2}{3}G$。

2) 屈服函数和势函数

Mohr-Coulomb 屈服准则在主应力空间的描述如图 2.13 所示，复合准则在 (σ_1, σ_3) 平面上的描述如图 2.14 所示。

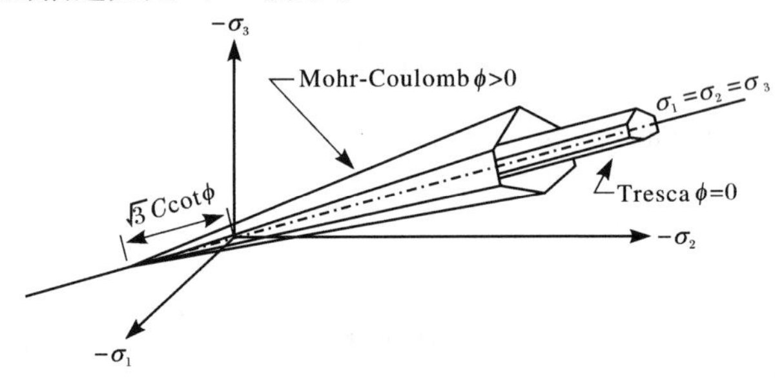

图 2.13 主应力空间的 Mohr-Coulomb 屈服准则

图 2.14 中 A 到 B 点为 Mohr-Coulomb 屈服准则 $f^{\mathrm{s}}=0$，其中 f^{s} 为

$$f^{\mathrm{s}} = \sigma_1 - \sigma_3 N_\phi + 2c\sqrt{N_\phi} \tag{2.117}$$

式中：ϕ 为内摩擦角；c 为黏聚力；$N_\phi = \frac{1+\sin\phi}{1-\sin\phi}$。

图 2.14 中的 B 到 C 为拉破坏准则 $f^{\mathrm{t}}=0$，其中 f^{t} 可表示为

$$f^{\mathrm{t}} = \sigma_3 - \sigma^{\mathrm{t}} \tag{2.118}$$

式中：σ^{t}为抗拉强度；抗拉强度的最大值 $\sigma_{\max}^{\mathrm{t}} = \frac{c}{\tan\phi}$。

塑性势函数分别由剪切塑性流动函数 g^{s} 和张拉塑性流动函数 g^{t} 表示，它们分别表示如下：

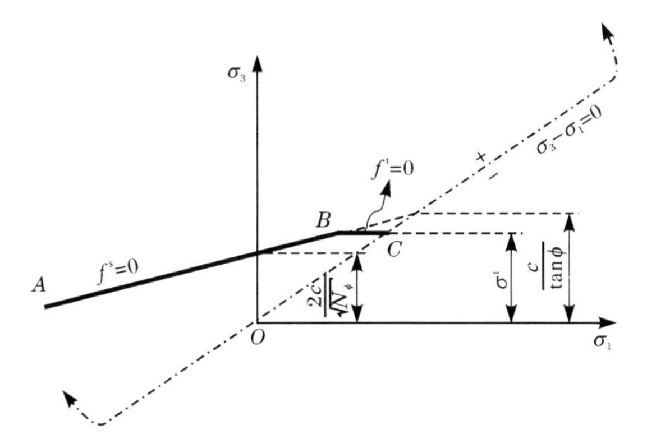

图 2.14 FLAC3D中的 Mohr-Coulomb 屈服准则

$$g^{s} = \sigma_1 - \sigma_3 N_{\psi} \tag{2.119}$$

式中:ψ 为剪胀角;$N_{\psi}=\dfrac{1+\sin\psi}{1-\sin\psi}$。

$$g^{t} = -\sigma_3 \tag{2.120}$$

3) 塑性修正

首先考虑剪切破坏,流动法则如下:

$$\Delta e_i^{p}=\lambda^{s}\frac{\partial g^{s}}{\partial \sigma_i},\quad i=1,3 \tag{2.121}$$

式中:λ^{s}为待定的参数。

联合式(2.119)和式(2.121),并通过偏微分法后,可得

$$\begin{cases}\Delta e_1^{p}=\lambda^{s}\\ \Delta e_2^{p}=0\\ \Delta e_3^{p}=-\lambda^{s}N_{\phi}\end{cases} \tag{2.122}$$

弹性应变增量可从式(2.115)表示的总增量减去塑性应变增量,进一步利用式(2.122)的流动法则,式(2.116)中的弹性法则变为

$$\begin{cases}\Delta\sigma_1=\alpha_1\Delta e_1+\alpha_2(\Delta e_2+\Delta e_3)-\lambda^{s}(\alpha_1-\alpha_2 N_{\phi})\\ \Delta\sigma_2=\alpha_1\Delta e_2+\alpha_2(\Delta e_1+\Delta e_3)-\lambda^{s}\alpha_2(1-N_{\phi})\\ \Delta\sigma_3=\alpha_1\Delta e_3+\alpha_2(\Delta e_1+\Delta e_2)-\lambda^{s}(-\alpha_1 N_{\phi}+\alpha_2)\end{cases} \tag{2.123}$$

让新旧的应力状态分别由上标 N 和 O 来表示,可定义如下:

$$\sigma_i^{N}=\sigma_i^{O}+\Delta\sigma_i,\quad i=1,3 \tag{2.124}$$

用式(2.124)代替式(2.123),并用上标 I 表示由弹性假设得到的应变和原来应变之和,由总应变计算得到的弹性增量为

$$\begin{cases}\sigma_1^{I}=\sigma_1^{O}+\alpha_1\Delta e_1+\alpha_2(\Delta e_2+\Delta e_3)\\ \sigma_2^{I}=\sigma_2^{O}+\alpha_1\Delta e_2+\alpha_2(\Delta e_1+\Delta e_3)\\ \sigma_3^{I}=\sigma_3^{O}+\alpha_1\Delta e_3+\alpha_2(\Delta e_1+\Delta e_2)\end{cases} \tag{2.125}$$

对于拉应力破坏的情况，流动法则为

$$\Delta e_i^{\mathrm{p}}=\lambda^{\mathrm{t}}\frac{\partial g^{\mathrm{t}}}{\partial \sigma_i},\quad i=1,3 \tag{2.126}$$

式中：λ^{t}为待定的参数。

联合式(2.120)和式(2.126)，并通过偏微分法后，可得

$$\begin{cases}\Delta e_1^{\mathrm{p}}=0\\ \Delta e_2^{\mathrm{p}}=0\\ \Delta e_3^{\mathrm{p}}=-\lambda^{\mathrm{t}}\end{cases} \tag{2.127}$$

重复上面相似的推理，可得

$$\begin{cases}\sigma_1^{\mathrm{N}}=\sigma_1^{\mathrm{I}}+\lambda^{\mathrm{t}}\alpha_2\\ \sigma_2^{\mathrm{N}}=\sigma_2^{\mathrm{I}}+\lambda^{\mathrm{t}}\alpha_2\\ \sigma_3^{\mathrm{N}}=\sigma_3^{\mathrm{I}}+\lambda^{\mathrm{t}}\alpha_1\end{cases} \tag{2.128}$$

式中：

$$\lambda^{\mathrm{t}}=\frac{f^{\mathrm{t}}(\sigma_3^{\mathrm{I}})}{\alpha_1} \tag{2.129}$$

4) 硬化-软化参数

塑性剪切应变由剪切硬化参数 e^{ps}计算，e^{ps}的增量形式为

$$\Delta e^{\mathrm{ps}}=\left\{\frac{1}{2}\left(\Delta e_1^{\mathrm{ps}}-\Delta e_{\mathrm{m}}^{\mathrm{ps}}\right)^2+\frac{1}{2}\left(\Delta e_{\mathrm{m}}^{\mathrm{ps}}\right)^2+\frac{1}{2}\left(\Delta e_3^{\mathrm{ps}}-\Delta e_{\mathrm{m}}^{\mathrm{ps}}\right)^2\right\}^{\frac{1}{2}} \tag{2.130}$$

式中：$\Delta e_{\mathrm{m}}^{\mathrm{ps}}=\frac{1}{3}(\Delta e_1^{\mathrm{ps}}+\Delta e_3^{\mathrm{ps}})$；$\Delta e_j^{\mathrm{ps}}(j=1,3)$为塑性剪切应变主增量。

抗拉硬化参数 e^{pt}用于计算累积的张拉塑性应变，它的增量形式为

$$\Delta e^{\mathrm{pt}}=\Delta e_3^{\mathrm{pt}} \tag{2.131}$$

式中：Δe_3^{pt}为主应力方向上的张拉塑性应变增量(拉应力为正)。

需要说明的是：Δe_i^{ps}是塑性主应变增量而不是剪切应变增量，同式(2.122)中定义的 Δe_i^{p}是一致的($i=1,2,3$)，增加上标 s 表示塑性应变同剪切屈服面(而不是拉伸屈服面)相关；相似地，Δe_3^{pt}同式(2.127)中定义的 Δe_3^{p}是一致的，上标 t 表示塑性应变是同拉伸屈服面相关的。

5) 可自定义函数的材料模型

考虑一维的应力-应变曲线σ-e，如图 2.15 所示，它在达到屈服时开始软化但仍保留一定的残余强度。在软化/硬化模型中，可以自定义黏聚力、内摩擦角、剪胀角和抗拉强度这些变量作为塑性剪切应变 e^{ps}的函数，如图 2.16 所示。在 FLAC 中，这些函数也可以由各线性线段近似表示，如图 2.17 所示。

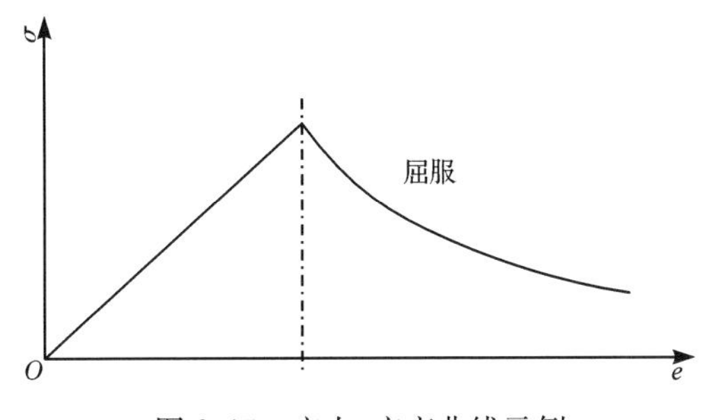

图2.15　应力-应变曲线示例

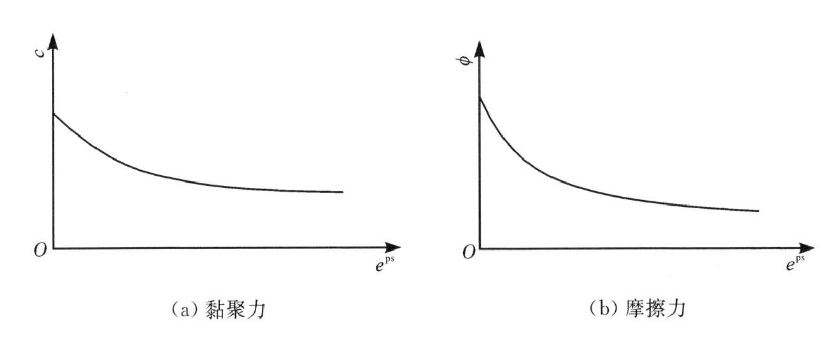

(a) 黏聚力　(b) 摩擦力

图2.16　黏聚力和内摩擦角随塑性应变的变化

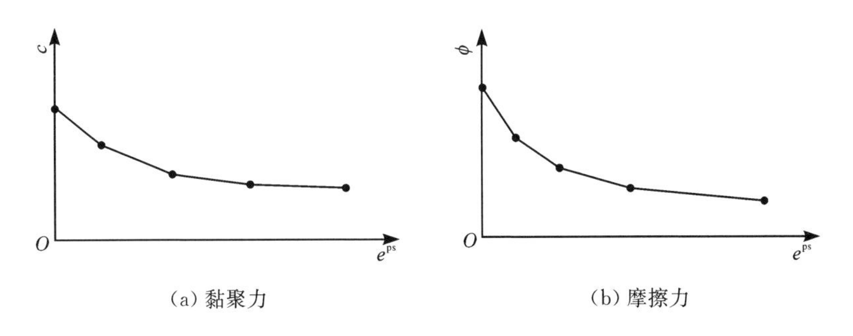

(a) 黏聚力　(b) 摩擦力

图2.17　用线性线段近似表示的黏聚力和内摩擦角

2.4.2　无溶蚀作用下岩盐塑性力学模型参数确定

基于应变硬化-软化模型，以及岩盐常规单/三轴压缩试验数据(参见2.1.1节)的分析，对无溶蚀作用下岩盐塑性力学模型参数(黏聚力 c 和内摩擦角 ϕ)进行确定。

采用FLAC^{3D}软件计算应变硬化-软化模型时，可以自定义黏聚力、内摩擦角作为塑性剪切应变 e^{ps} 的函数，而塑性剪切应变 e^{ps} 对应于塑性应变张量的第二不变量，故可采用等效塑性应变与黏聚力、内摩擦角之间的关系进行计算。

等效塑性应变 $\bar{\varepsilon}^{p}=\sqrt{\frac{2}{9}[(\varepsilon_1^p-\varepsilon_2^p)^2+(\varepsilon_2^p-\varepsilon_3^p)^2+(\varepsilon_3^p-\varepsilon_1^p)^2]}$，根据常规三轴压缩试验结果：$\varepsilon_2^p=\varepsilon_3^p$，可以得出：$\bar{\varepsilon}^{p}=\frac{2}{3}(\varepsilon_1^p-\varepsilon_2^p)$。

依据岩盐常规单/三轴压缩试验数据，黏聚力、内摩擦角与等效塑性应变之间的关系获取过程如下：

(1) 根据不同围压下轴向应力与轴向应变、径向应变之间数据曲线，即 σ_1-ε_1、$\varepsilon_2=\varepsilon_3$ 试验曲线，计算出不同围压和不同轴向应力条件下轴向的塑性应变 ε_1^p 和径向的塑性应变 $\varepsilon_2^p=\varepsilon_3^p$，可得出不同围压下 σ_1-ε_1^p、$\varepsilon_2^p=\varepsilon_3^p$ 曲线；根据等效塑性应变的计算公式，可转换成不同围压下 σ_1-$\bar{\varepsilon}^p$ 曲线，如图 2.18 所示。

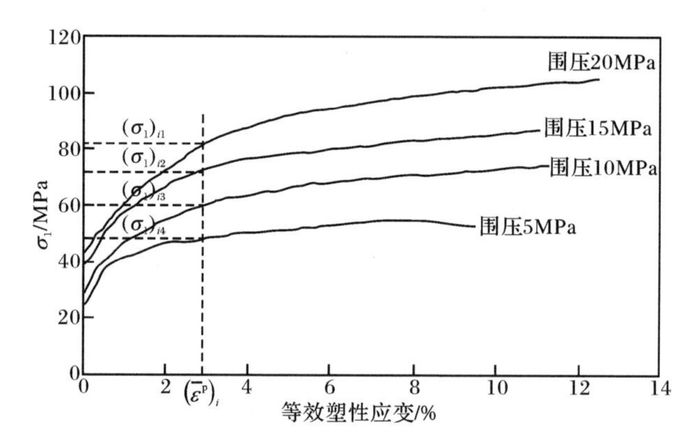

图 2.18　不同围压下岩盐试样等效塑性应变随轴向应力变化曲线

(2) 根据不同围压下等效塑性应变 $\bar{\varepsilon}^p$ 随轴向应力变化结果，可得出岩盐黏聚力 c、内摩擦角 ϕ 与 $\bar{\varepsilon}^p$ 之间的关系，即 $c(\bar{\varepsilon}^p)$、$\phi(\bar{\varepsilon}^p)$，其计算步骤如下：

① 在每条 σ_1-$\bar{\varepsilon}^p$ 曲线上取出能反应这条曲线特征的 n 个数据点，针对四种不同围压共取出 $4n$ 个数据点(如图 2.18 所示)，可标记为

$$\{(\bar{\varepsilon}^p)_i,(\sigma_1)_{ij},(\sigma_2=\sigma_3)_j\}$$

其中，$i=1,2,\cdots,n$，表示每条曲线上所取数据点的个数；$j=1,2,3,4$，表示四种不同围压。

② 采用 4 个应力莫尔圆来分别描述针对每一个 $(\bar{\varepsilon}^p)_i$ 值所对应的四个应力数值点 $\{(\sigma_1)_{ij},(\sigma_2=\sigma_3)_j\}(j=1,2,3,4)$ 的应力状态，然后根据这 4 个应力莫尔圆绘制公切线来确定相应的 $c((\bar{\varepsilon}^p)_i)$、$\phi((\bar{\varepsilon}^p)_i)$。

③由于共进行 7 组试验，可计算出 $7n$ 组 $\{(\bar{\varepsilon}^p)_i,c((\bar{\varepsilon}^p)_i),\phi((\bar{\varepsilon}^p)_i)\}$，故可以得出 $c(\bar{\varepsilon}^p)$、$\phi(\bar{\varepsilon}^p)$ 的函数表达式为

$$c(\bar{\varepsilon}^{\mathrm{p}}) = 5.2 - 0.53\bar{\varepsilon}^{\mathrm{p}} + 0.018\,(\bar{\varepsilon}^{\mathrm{p}})^2 \tag{2.132}$$

$$\phi(\bar{\varepsilon}^{\mathrm{p}}) = 17.32\exp\left(\frac{-\bar{\varepsilon}^{\mathrm{p}}}{2.35}\right) + 18.48 \tag{2.133}$$

式中：$\bar{\varepsilon}^{\mathrm{p}}$ 的单位为%；c 的单位为 MPa；ϕ 的单位为(°)。

通过单轴压缩条件下岩盐全过程加载细观力学试验(无溶蚀作用)的模拟计算结果和试验结果的对比，对所采用的应变硬化-软化模型，以及所获得的黏聚力、内摩擦角与等效塑性应变之间关系的合理性进行了验证，对比结果如图 2.19 所示。

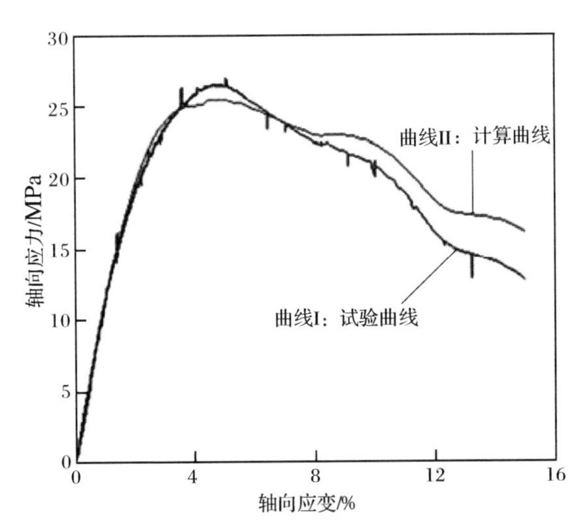

图 2.19　模拟计算结果与试验结果对比

从图 2.19 中可以看出：在达到应力峰值前，计算曲线和试验曲线具有较好的吻合度；应力峰值之后，两条曲线的变化趋势基本一致。故可以得出，从整体上看，模拟计算结果与试验结果吻合较好。这说明，所选用的应变硬化-软化模型可用于描述无溶蚀作用下的岩盐塑性力学行为，所获得的黏聚力、内摩擦角与等效塑性应变的关系是合理的。

2.4.3　无溶蚀作用下石膏岩塑性力学模型参数确定

基于应变硬化-软化模型，以及石膏岩常规单/三轴压缩试验数据(参见 2.1.2 节)的分析，对无溶蚀作用下石膏岩塑性力学模型参数(黏聚力 c 和内摩擦角 ϕ)进行确定。

依据石膏岩常规单/三轴压缩试验数据，石膏岩黏聚力 c、内摩擦角 ϕ 与 $\bar{\varepsilon}^{\mathrm{p}}$ 之间关系的计算过程与岩盐参数 c、ϕ 的计算过程一致。

根据不同围压下石膏岩轴向应力与轴向应变、径向应变之间数据曲线，转换得出不同围压下石膏岩试样轴向应力与等效塑性应变关系曲线，如图 2.20 所示。

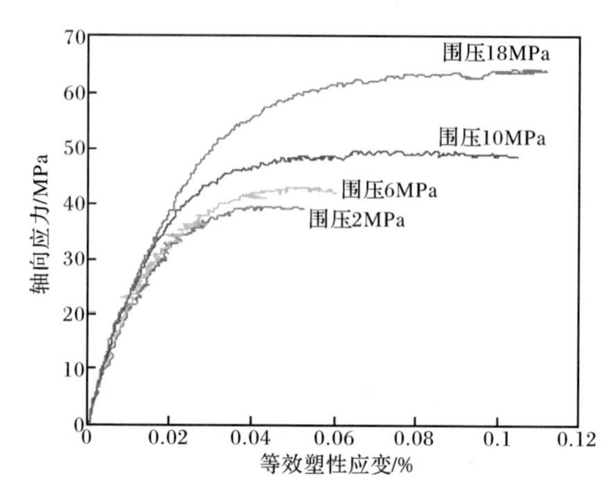

图 2.20　不同围压下石膏岩试样轴向应力与等效塑性应变关系曲线

计算所得的黏聚力与等效塑性应变的关系如图 2.21 所示，计算所得的内摩擦角与等效塑性应变的关系如图 2.22 所示，所获得的黏聚力 c、内摩擦角 ϕ 与等效塑性应变 $\bar{\varepsilon}^{\mathrm{p}}$ 的函数关系式分别为

$$c(\bar{\varepsilon}^{\mathrm{p}})=6.13e^{-5.9\bar{\varepsilon}^{\mathrm{p}}} \tag{2.134}$$

$$\phi(\bar{\varepsilon}^{\mathrm{p}})=1518.1(\bar{\varepsilon}^{\mathrm{p}})^2-292.1\bar{\varepsilon}^{\mathrm{p}}+37.9 \tag{2.135}$$

式中：$\bar{\varepsilon}^{\mathrm{p}}$ 的单位为%；c 的单位为 MPa；ϕ 的单位为(°)。

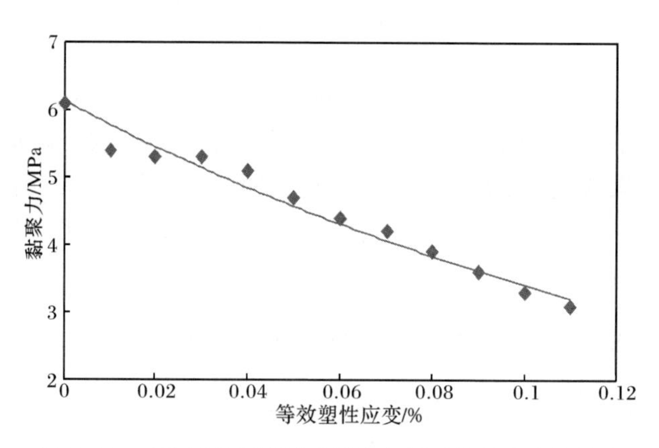

图 2.21　计算所得石膏岩黏聚力与等效塑性应变的关系

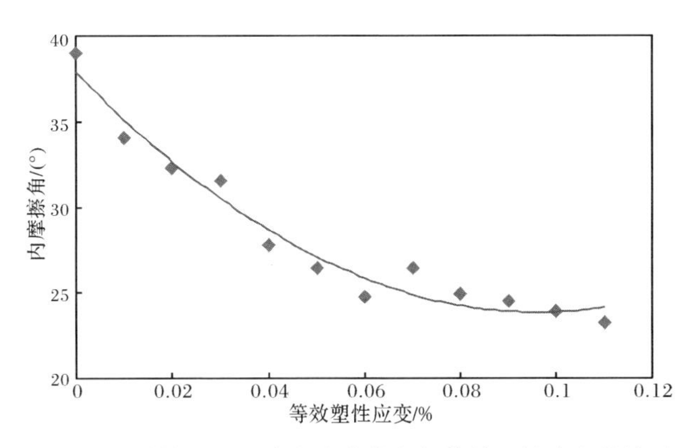

图 2.22　计算所得石膏岩内摩擦角与等效塑性应变的关系

2.5　本 章 小 结

本章首先通过岩盐、石膏岩常规单/三轴压缩试验，和岩盐单轴压缩条件下细观力学试验，对可溶岩宏观力学特性和细观力学特性进行试验研究；继而在可溶岩力学性质试验结果分析基础上，对细观-宏观耦合的可溶岩弹塑性损伤耦合机理进行研究，研究表明，在一定的应力作用下，同时产生以裂纹扩展为主要特征的损伤破坏机制和以裂纹错动为主要特征的塑性破坏机制，即可溶岩(岩盐、石膏岩)的弹塑性和损伤机制并存且相互耦合的；以弹塑性力学理论与损伤力学理论为基础，依据细观-宏观耦合的可溶岩弹塑性损伤耦合机理，建立了适合于描述可溶岩(岩盐、石膏岩)变形破坏特征的可溶岩弹塑性损伤耦合模型，并通过数值模拟结果和试验结果的对比，验证了该耦合模型的合理性；为了便于后续的可溶岩应力-溶解耦合效应与可溶岩围岩稳定性研究，从宏观力学方面，采用应变硬化-软化模型对无溶蚀作用下可溶岩(岩盐、石膏岩)塑性力学行为进行描述，并确定了无溶蚀作用下可溶岩(岩盐、石膏岩)塑性力学模型参数。

第 3 章　可溶岩应力-溶解耦合试验分析

选择岩盐、石膏岩为研究对象，通过单轴压缩条件下岩盐应力-溶解耦合效应的细观力学试验、溶蚀作用下石膏岩力学特性试验以及三轴应力作用下岩盐溶蚀特性试验，对可溶岩应力-溶解耦合特性进行分析，为后续可溶岩应力-溶解耦合效应研究提供试验依据。

3.1　单轴压缩条件下岩盐应力-溶解耦合效应的细观力学试验

3.1.1　试验简介

1. 试验目的

本次试验的主要目的如下：

(1) 通过有无溶蚀作用下力学加-卸载试验对比，分析溶蚀作用对岩盐变形模量的影响。

(2) 通过有无溶蚀作用下力学加载试验对比，对溶蚀前后岩盐力学性质变化规律进行分析。

(3) 通过不同应力-应变状态下溶解特性测试，对应力作用下岩盐溶解特性变化规律进行分析。

2. 试验仪器与岩样加工

单轴压缩条件下岩盐应力-溶解耦合效应的细观力学试验所采用的试验仪器与第 2 章中岩盐细观力学试验所采用的试验仪器是相同的，均为应力-水流-化学耦合的岩石破裂全过程细观力学试验系统，试验所用的岩盐试样与第 2 章中岩盐常规三轴压缩试验采用的试样来源一致。

试样的标准尺寸为 15mm×15mm×30mm，岩盐试样的加工过程与第 2 章中的一致，所加工出来的岩盐试样如图 3.1 所示，部分岩盐试样的尺寸和质量如表 3.1 所示。

图 3.1 岩盐试样照片

表 3.1 部分岩盐试样数据

试样标号	尺寸/mm	质量/g	试样标号	尺寸/mm	质量/g
A1	30.0×15.2×15.0	14.596	A10	29.9×15.2×14.9	14.285
A2	30.1×15.1×15.0	14.957	A11	30.0×15.0×14.8	14.450
A3	30.2×15.2×15.0	15.406	A12	29.8×15.1×15.0	14.533
A4	30.0×15.1×15.0	15.102	B1	30.0×15.1×15.0	14.774
A5	30.0×15.0×15.0	15.081	B2	30.1×15.1×15.1	14.865
A6	30.1×15.1×15.1	15.304	B3	30.1×14.8×15.0	14.995
A7	30.0×15.1×15.1	15.332	B4	30.0×14.9×14.9	15.080
A8	29.9×15.2×15.0	14.601	B5	30.1×14.8×14.9	15.013
A9	29.8×15.2×15.0	14.510	B6	30.2×15.0×14.8	14.722

3. 试验具体方案

1) 试验准备工作

在试验过程中仅考虑试样一个面溶解的情况,因此,除了 1 个面(该面的法线方向与加载方向垂直)裸露外,试样的其他各面均用 703 硅橡胶均匀地涂抹一层,如图 3.2 所示。待 703 硅胶完全凝固干燥后,用电子天平称量此时岩盐试样的质量。

2) 加载或加-卸载方式

本次试验采用位移加载或加-卸载方式进行单轴压缩试验;当加载到某一应变值时,可进行暂停加压并保持位移不变的操作。试验采用的加载速率为 0.015mm/min。

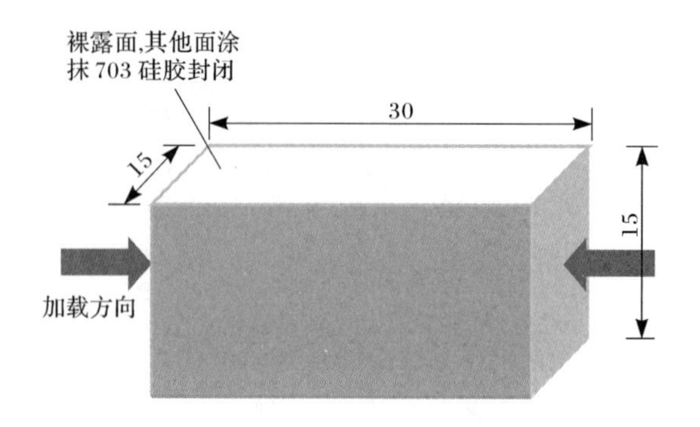

图 3.2　试验时岩盐试样示意图(单位:mm)

3) 具体试验过程

(1) 第一阶段。

试验的第一阶段为无溶解状态时的加载或加-卸载试验阶段,在此阶段,加载盒中无水。

(2) 第二阶段。

试验的第二阶段为溶解阶段,此阶段的目的是保持应变不变,测试试样在溶解状态下应力的变化规律。该阶段的具体试验过程如下:①保持第一阶段后的应变值不变,暂停加压;②快速向加载盒中加入蒸馏水,让试样完全浸泡在水溶液之中,此时只有裸露面与水溶液接触而产生溶解;③当持续溶解至预定时间后,将加载盒中水溶液全部放出,并记录此时应力值大小。

(3) 第三阶段。

试验的第三阶段为再加载或再加-卸载阶段,在此阶段,加载盒中无水。

试验结束后,将岩盐试样干燥,并用电子天平称量干燥的试样质量,减少的质量即为第二阶段被溶解掉的质量。

3.1.2　应力-应变曲线的“微振”现象

根据试验结果可以发现:

(1) 岩盐的轴向应力-轴向应变曲线并不像其他岩石的轴向应力-轴向应变曲线那样是一条平滑的曲线,而是一条带有小锯齿或波动的曲线(如图 3.3 所示),这种小锯齿或波动的最顶端与最底端的应力差值最高可高达约 4MPa,但是每一个小锯齿或波动持续的时间很短。曲线上的小锯齿或波动表明了伴随着岩盐的应力-应变历史过程中产生的一种轻微振动,这是岩盐力学性质的一个重要特点,又称为“微振”现象。

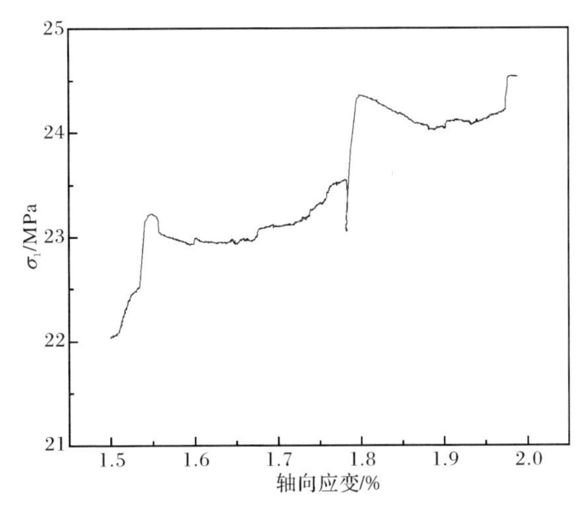

图 3.3 应力-应变曲线中的"微振"现象

(2) 有无溶蚀作用下岩盐轴向应力-轴向应变曲线的"微振"现象都存在。

有无溶蚀作用下岩盐轴向应力-轴向应变曲线的"微振"现象存在原因在于:

(1) 岩盐应力的"微振"与裂纹的扩展有着内在的联系。

(2) 由于岩盐内部微小裂纹的存在,在裂纹尖端存在着应力集中的现象,当应力低于使裂纹发生扩展的临界值时,在应变变化很小的情况下,应力会快速增加。

(3) 当快速增加的应力在裂纹尖端处高于使裂纹发生扩展的临界值时,岩盐内部的裂纹就会发生扩展,所积聚的能量发生耗散,具体表现为应力值降低,而应变值增加。

随着应力的继续增加,上述过程会不断地出现,从而导致试验中轴向应力-轴向应变曲线不断"微振"。

3.1.3 溶蚀作用对岩盐变形模量的影响

变形模量是指材料在外力作用下产生单位变形所需要的应力,反映了材料抵抗变形能力的指标。基于变形模量的重要性,通过溶蚀作用下岩盐力学性质试验中的加-卸载试验数据来研究溶蚀作用对变形模量的影响规律。

表 3.2 为不同岩盐试样在有无溶蚀作用下循环加-卸载试验数据;图 3.4 为无溶蚀作用下岩盐试样的循环加-卸载典型曲线;图 3.5 为溶蚀作用下岩盐试样的循环加-卸载典型曲线,其反映了首先进行循环加-卸载,然后进行第二阶段的溶解试验,最后再进行循环加-卸载试验的整个试验过程。

表 3.2　有无溶蚀作用下循环加-卸载试验数据

标号	溶解前		溶解后		标号	溶解前		溶解后	
	ε/%	E/GPa	ε/%	E/GPa		ε/%	E/GPa	ε/%	E/GPa
E01	0.33	11.3	—	—	E06	2.78	12.4	13.65	14.7
	1.18	13.5	—	—		—	—	5.34	15.2
	2.86	14.2	—	—	E07	4.25	13.7	5.52	14.9
	4.82	15.2	—	—		—	—	7.85	15.5
	7.2	15.1	—	—	E08	—	—	1.35	11.9
E02	1.32	13.5	7.79	13.8		—	—	3.58	13.2
	3.31	14.3	10.14	12.7		—	—	4.95	12.8
E03	1.52	11.8	5.44	13.9	E09	—	—	2.59	14.3
	2.86	14.2	7.22	15.7		—	—	4.67	15.1
E04	0.58	11.5	1.85	12.7		—	—	6.29	12.6
	1.23	12.9	2.79	13.5	E10	2.46	13.4	2.85	14.5
E05	0.55	11.7	1.58	12.8	E11	3.59	11.9	4.01	14.9
	—	—	3.47	13.5	E12	5.77	14.5	6.54	13.8

注：ε 为轴向应变；E 为变形模量。

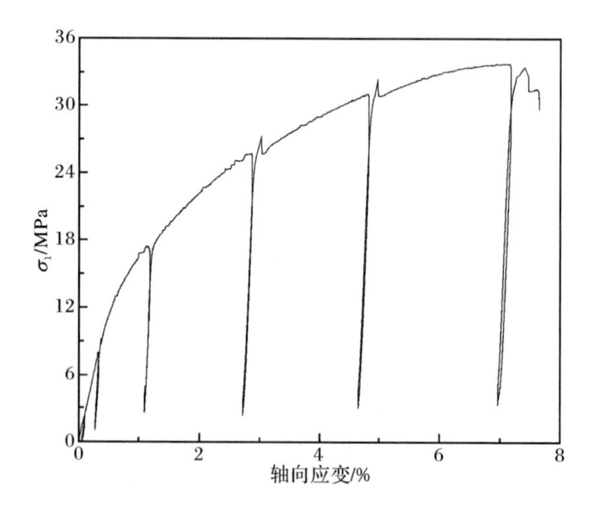

图 3.4　无溶蚀作用下岩盐试样的循环加-卸载典型曲线

从表 3.2 和图 3.4、图 3.5 中可以看出：

(1) 有无溶蚀作用下，岩盐都表现为明显的塑性变形特征。

(2) 对于同一个岩盐试样，溶解前的加-卸载阶段的变形模量值与溶解后加-

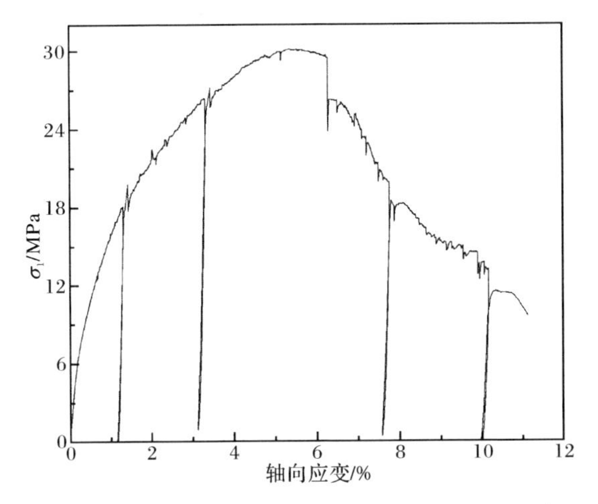

图 3.5　溶蚀作用下岩盐试样的加-卸载典型曲线

卸载阶段的值相比较，相差较小。

(3) 对所有的有无溶蚀作用下循环加-卸载试验数据进行统计对比分析。

表 3.2 中溶解前共获得 17 个变形模量值(其值为 11.3～15.2GPa)，溶解后共获得 21 个变形模量值(其值为 11.9～15.7GPa)，使用统计学中的 t 检验方法对表 1 中溶解前后的变形模量 E 值进行统计分析[109]，可得：检验统计量 $t=1.958$，自由度 $v=38$；在自由度 $v=38$，5%的水平上，t 分布双侧临界值 $t_{38;0.05}=2.023$；$t<t_{38;0.05}$，说明在 5%显著性水平时，溶解前后所得的变形模量值之间无显著差异。

从上述分析中可认为变形模量 E 在有无溶蚀作用下差异很小，溶蚀作用对 E 基本无影响。

3.1.4　应力作用下岩盐溶蚀特性变化规律

1. 试验数据

在加载-溶解-再加载试验的溶解阶段，岩盐力学性质以及溶蚀质量发生了变化，表 3.3 列出了各个试样在不同试验条件下溶解前后试验数据。在表 3.3 中，σ_0 为溶解前的应力值；σ_d 为溶解后的应力值；$\Delta\sigma$ 为溶解前后的应力降值，$\Delta\sigma=\sigma_0-\sigma_d$；$\Delta\sigma/\sigma_d$ 为溶解前后应力降比值。另外在表 3.3 中还列出了各个试样在溶解开始时的应力状态，“√”表示已过了应力峰值，“×”表示未过应力峰值。在表 3.3 中试样 A1 是在没有加载任何应力的情况下进行溶解试验的。

表 3.3　岩盐试样溶解前后试验数据

试样	溶解时间/s	轴向塑性应变/%	溶解质量 /g	溶解开始时应力状态		溶解前后应力值			
				是	否	σ_0 /MPa	σ_d /MPa	$\Delta\sigma$ /MPa	$\frac{\Delta\sigma}{\sigma_0}$/%
A1	400	0	0.15	×	√	0	0	0	—
A2	400	2	0.16	×	√	16.75	16.03	0.72	4.3
A3	400	3.1	0.2	×	√	21.06	19.25	1.81	8.6
A4	400	4.4	0.32	√	×	25.66	21.65	4.01	15.6
A5	400	4.7	0.656	√	×	33.52	29.65	3.87	11.5
A6	400	4.8	0.4	×	√	29.41	25.36	4.05	13.8
A7	400	5.1	0.68	√	×	28.86	23.46	5.4	18.7
A8	400	5.5	1.45	√	×	22.82	16.45	6.37	27.9
A9	400	5.9	2.3	√	×	22.25	14.89	7.63	34.3
A10	400	6.6	3.6	√	×	27.31	17.1	10.21	37.4
A11	400	7.1	3.3	√	×	32.27	20.4	11.87	39.88
A12	400	7.2	3.8	√	×	20.99	12.21	8.78	41.8
B1	350	3.5	0.188	×	√	29.82	27.34	2.48	8.3
B2	200	7.2	0.8	√	×	29.24	22.88	6.36	21.75
B3	300	7.2	2.388	√	×	29.17	17.90	11.27	38.6
B4	340	4.2	0.24	×	√	30.52	27.11	3.41	11.2
B5	260	5.7	0.621	√	×	25.95	20.04	5.91	22.8
B6	300	6.8	1.622	√	×	30.12	21.61	8.51	28.3

加载-溶解试验典型应力-应变曲线如图 3.6 所示，试验分为两个阶段：加载阶段（A 段）和溶解阶段（B 段）。在溶解阶段（B 段），保持应变不变，随着溶解时间的增加，应力值降低。

从图 3.6 中可以看出，加载阶段（A 段）轴向应力-轴向应变曲线可以分为三个阶段：

(1) a 段：该段曲线中应变较小的时候，轴向的应力-应变关系近似为直线。

(2) b 段：该段曲线中轴向应力值变化较小，且在极限应力值附近变化，但是轴向应变持续增加，这说明岩盐呈现出较明显的塑性特征。

(3) c 段：超过峰值强度，曲线开始下降。

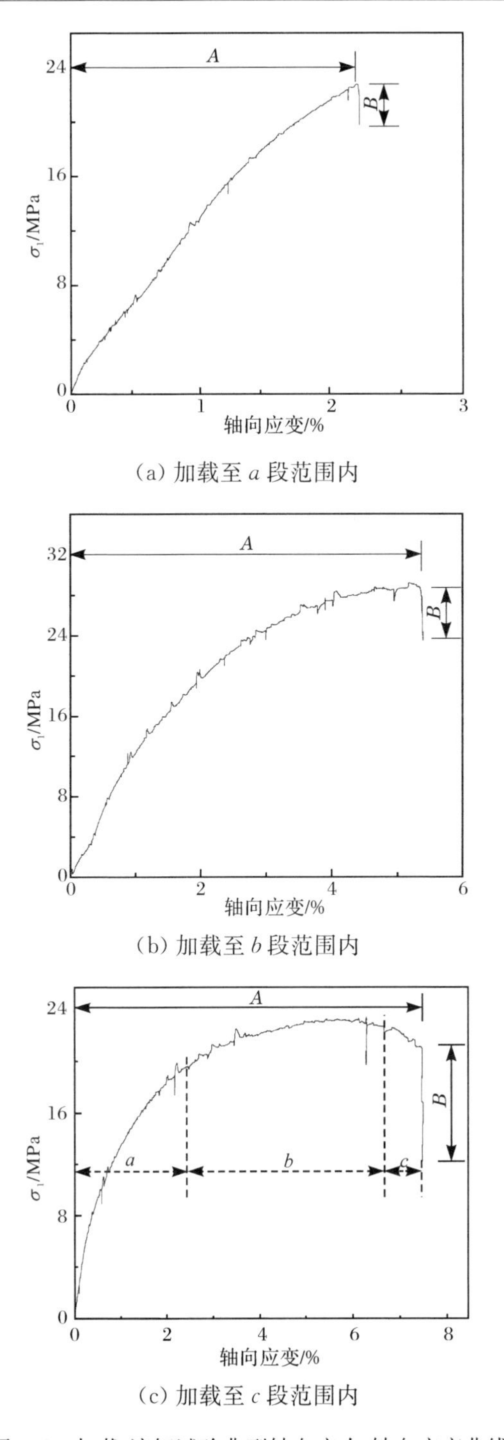

(a) 加载至 a 段范围内

(b) 加载至 b 段范围内

(c) 加载至 c 段范围内

图 3.6　加载-溶解试验典型轴向应力-轴向应变曲线

2. 应力作用下岩盐溶蚀速率变化规律

通过上述试验可以发现，在溶解阶段，相同的溶解时间内岩盐试样所溶解的质量(即宏观溶蚀速率)与岩盐试样所处的应力-应变状态有关。本书采用在加载阶段中所产生的轴向塑性应变来量化这一状态。在相同的轴向塑性应变下，溶解质量随着溶解时间变化而变化。通过以上分析可知，应力作用下岩盐溶蚀速率的变化可以通过溶解质量(即宏观溶解速率)与轴向塑性应变和溶解时间之间的关系来进行定量的描述。

1) 溶解质量、轴向塑性应变和溶解时间之间的关系

通过对表 3.3 中溶解质量、轴向塑性应变和溶解时间的试验数据运用遗传规划方法来进行搜索，可以得出溶解质量与轴向塑性应变和溶解时间之间的关系表达式为

$$m(\varepsilon^{p},t)=\frac{1}{a_2}(0.21t+0.16t^2)\left[4.75-\frac{4.56}{1+\exp\left(\frac{\varepsilon^{p}-6.2}{0.54}\right)}\right] \tag{3.1}$$

式中：$a_2=3.4$；ε^{p} 为轴向塑性应变，%；m 为岩盐溶解质量，g；t 为溶解时间，10^2s。

溶解质量 m、轴向塑性应变 ε^{p} 以及溶解时间 t 的关系如图 3.7 所示。

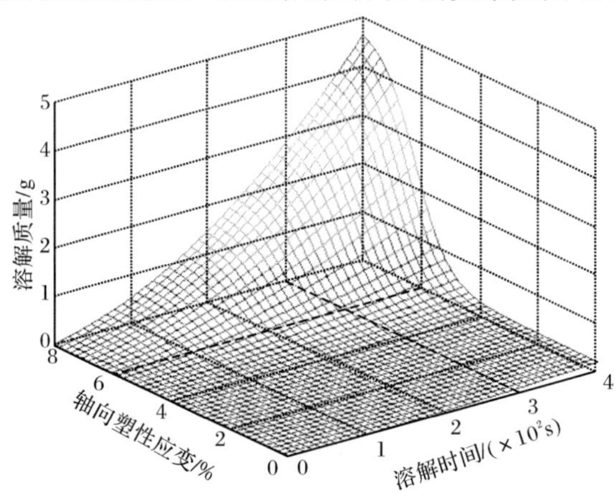

图 3.7　溶解质量、轴向塑性应变以及溶解时间的关系图

表 3.3 中溶解时间为 $t=400$s 时，不同轴向塑性应变与溶解质量之间的关系如图 3.8 所示。根据图 3.8 中试验散点数据的趋势，对试验数据进行曲线拟合，其拟合曲线的函数表达式为

$$m(\varepsilon^{p},t)\big|_{t=4}=4.75-\frac{4.56}{1+\exp\left(\frac{\varepsilon^{p}-6.2}{0.54}\right)} \tag{3.2}$$

式中：$0.00\leqslant \varepsilon^{\mathrm{p}}\leqslant 0.08$。

式(3.2)的决定系数 $R^2=0.98721$，说明曲线的拟合度高。

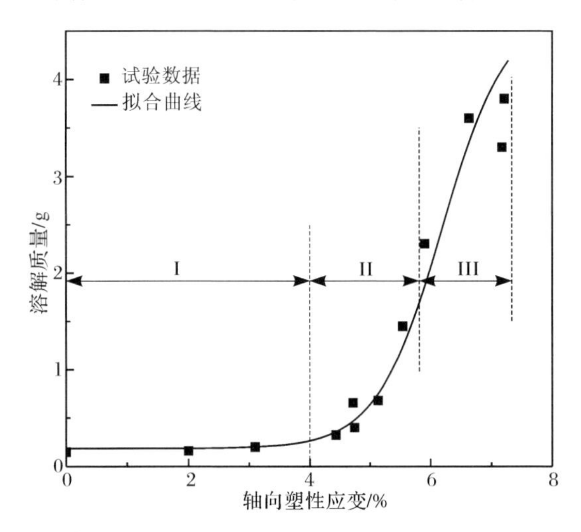

图3.8　溶解时间为400s时轴向塑性应变与岩盐溶解质量之间的关系

轴向塑性应变为 $\varepsilon^{\mathrm{p}}=7.2\%$时，岩盐试样溶解质量 m 与溶解时间 t 之间的关系如图3.9所示。在理论上，当溶解时间为 $t=0\mathrm{s}$ 时，溶解质量为0。故根据试验数据可以得出：当轴向塑性应变 $\varepsilon^{\mathrm{p}}=7.2\%$时，岩盐试样溶解质量 m 与溶解时间 t 之间的函数关系表达式为

$$m(\varepsilon^{\mathrm{p}},t)\big|_{\varepsilon^{\mathrm{p}}=7.2}=0.21t+0.16t^2 \tag{3.3}$$

式中：$0\leqslant t\leqslant 4$，t 的单位为 $10^2\mathrm{s}$。

式(3.3)的决定系数 $R^2=0.97803$，说明曲线的拟合度很好。

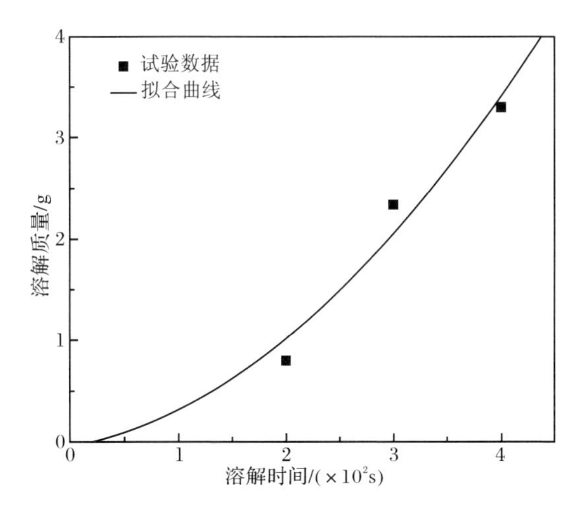

图3.9　轴向塑性应变为7.2%时溶解时间与岩盐溶解质量之间的关系

2）试验现象分析

从图 3.8 和图 3.9 中可以看出，随着轴向塑性应变的增加，岩盐溶解质量相比于无应力作用时的岩盐溶解质量值发生了很大的变化，这说明在应力作用下岩盐的溶解特性发生了变化，并且当轴向塑性应变较大时，应力作用对岩盐溶蚀速率的影响不可忽略。

从图 3.8 中也可以看出，相同溶解时间时不同轴向塑性应变下岩盐的溶解质量相差较大，根据轴向塑性应变与溶解质量之间的关系，曲线可以分为以下三段：

（1）I 段，该段曲线非常平缓。在此段曲线中，溶解的岩盐质量很小，随着轴向塑性应变的逐渐增加，溶解质量也在缓慢增加，但变化幅度非常小。该曲线段范围内的试验数据点是在加载阶段轴向应力-轴向应变曲线处于 a 段时，进行应力-溶解耦合试验所得到的，其典型试验全程轴向应力-轴向应变曲线如图 3.6(a)所示。

（2）II 段，该段曲线向上凹曲，并且曲线斜率变化非常显著。这说明随着轴向塑性应变的增加，溶解的岩盐质量显著增加，且其变化幅度相当大。该曲线段范围内的试验数据点是在加载阶段轴向应力-轴向应变曲线处于 b 段时进行应力-溶解耦合试验所得到的，其典型试验全过程轴向应力-轴向应变曲线如图 3.6(b)所示。

（3）III 段，该段曲线为上升曲线，曲线斜率变化较小。这说明随着轴向塑性应变的增加，虽然溶解的岩盐质量增加较快，但是其增长幅度变化较小。该曲线段范围内的试验数据点是在加载阶段轴向应力-轴向应变曲线处于 c 段时进行应力-溶解耦合试验所得到的，典型试验全程轴向应力-轴向应变曲线如图 3.6(c)所示。

3. 应力作用下岩盐溶蚀特性变化机制分析

应力作用下岩盐溶解速率发生变化的原因在于：岩盐与水溶液接触发生溶解，其溶解速率的大小取决于岩盐与水溶液发生接触的溶解面的大小。在应力作用下，随着塑性应变的产生和增大，岩盐中的裂纹不断发育与扩展，造成岩盐与水溶液发生接触的溶解面的大小不断增加，从而使得溶解速率变大。这也说明在应力作用下岩盐溶解速率与裂纹的发育和扩展有着直接的关联，可以通过不同阶段的裂纹的发育与扩展来分析岩盐溶解速率发生变化的原因。

第 2 章中单轴压缩条件下岩盐细观力学试验结果表明，岩盐在受外部荷载作用过程中裂纹的变化过程经历了原始裂纹的压闭（阶段①）、细观裂纹产生与扩展（阶段②）、细观主裂纹的形成与扩展（阶段③）以及贯通性裂纹的形成（阶段④）等 4 个阶段。

通过试验观察得出，阶段①、②的裂纹都在处于加载阶段（A 段）中的 a 段范围内的轴向应力-轴向应变作用下发生；阶段③的裂纹主要在处于加载阶段（A 段）中的 b 段范围内的轴向应力-轴向应变作用下发生；阶段④的裂纹在处于加载阶段

(A 段)中的 c 段范围内的轴向应力-轴向应变作用下发生。

在溶解阶段(B 段),裂纹的变化与岩样裂纹所处的阶段以及溶解的时间、溶解溶液的介质等因素有关。设定溶解的时间、溶解溶液的介质保持相同,表层的裂纹由于岩盐的溶解,造成裂纹的开度和迹长增加,上述的阶段②、③、④的裂纹在溶解之后的形态也有很大的差别,如图 3.10 所示。

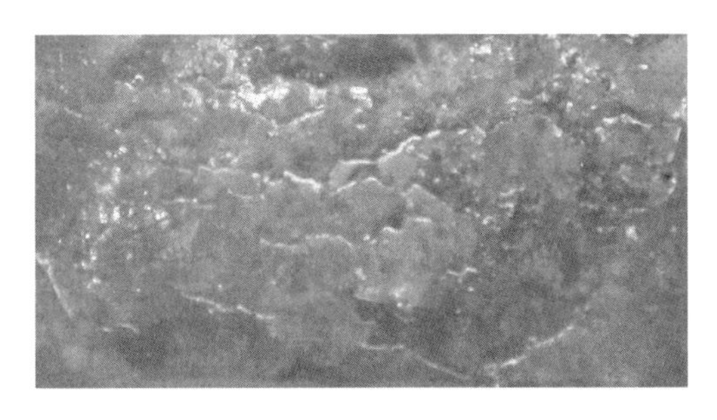

(a) 阶段②的岩样溶解之后的照片

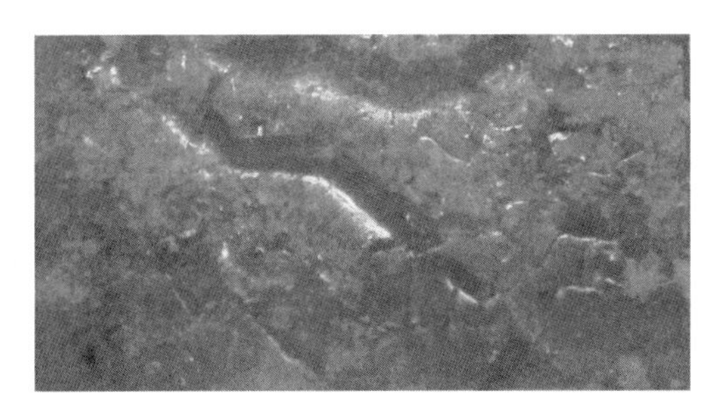

(b) 阶段③的岩样溶解之后的照片

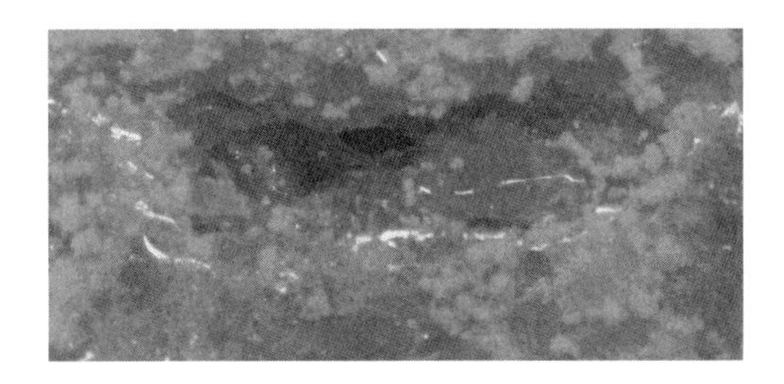

(c) 阶段④的岩样溶解之后的照片

图 3.10　不同裂纹变化阶段的岩盐试样溶解之后的照片(见彩图 3.10)

图 3.10(a)为表面细观裂纹溶解之后的图片,从图 3.10(a)中可以看出,细观裂纹溶解之后其开度变大,裂纹的痕迹变得很清楚;图 3.10(b)为形成细观主裂纹之后溶解的岩样图片,图中非常明显的沟槽即是细观主裂纹溶解之后的显示;

图 3.10(c)为细观主裂纹发展成为贯通性裂面之后溶解的岩样照片,其中那道裂开的深沟槽即是贯通性裂面溶解之后所造成的。

从图 3.10 可以看出,岩盐裂纹主要的延展方向与轴向应力的方向大致平行,并且不同阶段的裂纹的状态下岩盐的宏观溶解速率有着明显的差异,它们之间存在着一定的联系。通过对岩盐试样不同阶段裂纹溶解之后所产生的变化进行分析,就可以对产生图 3.8 中轴向塑性应变与溶解质量(即宏观溶解速率)之间关系的原因进行解释:

(1) 在图 3.8 的 I 段中,在应力的作用下裂纹处于阶段①、②,表面细观裂纹在与水溶液接触之后产生的变化较小,岩盐试样与水溶液接触的溶解面的有效面积缓慢增加,这就使得宏观溶解速率也只能缓慢增大。

(2) 在图 3.8 的 II 段中,裂纹处于阶段③,岩盐试样的表面已经出现了主裂纹,并且在此阶段,随着轴向应变的增加,主裂纹的变化幅度逐渐变大。当主裂纹与水溶液发生接触后,会发生很大的变化,溶解面的有效面积发生较快的增长,这就使得宏观溶解速率相比于 I 段有了显著的增加,并且随着轴向应变的增加,宏观溶解速率的增幅也相应增大。

(3) 在图 3.8 的 III 段中,裂纹处于阶段④,已经形成了贯通性裂面,并且在此阶段,随着轴向应变的增加,贯通性裂面的变化较小。当贯通性裂面与水溶液发生接触后,相对于 I、II 段,溶解面的有效面积增长较大,并且随着轴向应变的增加,溶解面的有效面积继续增加,但增幅变化很小。这就使得随着轴向应变的增加,宏观溶解速率也继续增大,但其增长幅度变化很小。

3.1.5 溶蚀作用下岩盐力学特性变化规律

从表 3.3 中可以看出:溶解后岩盐的应力值降低了,这说明在溶蚀作用下,岩盐的力学性质发生了变化。在溶解阶段,由于溶蚀作用的存在,岩盐的应力值发生了变化,通过对溶解阶段轴向应力随着溶解时间的变化关系的分析,对溶蚀作用下岩盐力学特性的变化规律进行研究。

1. 溶解阶段应力随时间的变化规律

在溶解阶段,轴向应力随时间的变化曲线如图 3.11 和图 3.12 所示。其中图 3.11为在加载阶段裂纹未充分贯通时进行溶解试验所得出来的轴向应力随时间的变化曲线;图 3.12 为形成贯通性裂纹后进行溶解试验所得出来的轴向应力随时间的变化曲线。

从图 3.11 和图 3.12 中可以得出:

(1) 不同裂纹状态下的岩盐试样在溶解阶段轴向应力随溶解时间的变化关系既有相同点又有不同之处。相同点在于,随着溶解时间的逐渐增加其轴向应力值

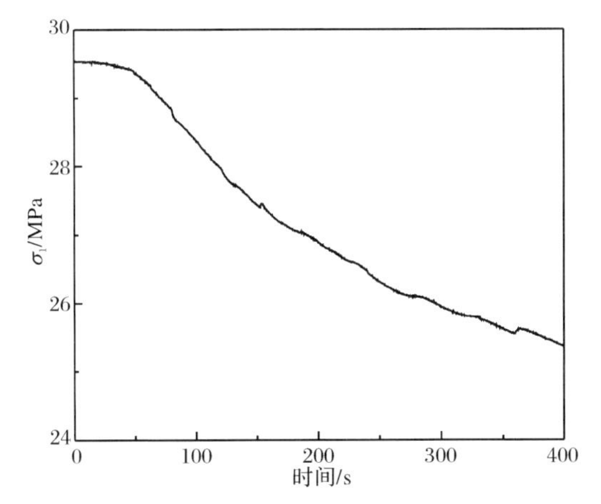

图 3.11　裂纹未充分贯通时进行溶解试验所得出来的轴向应力随时间的变化曲线

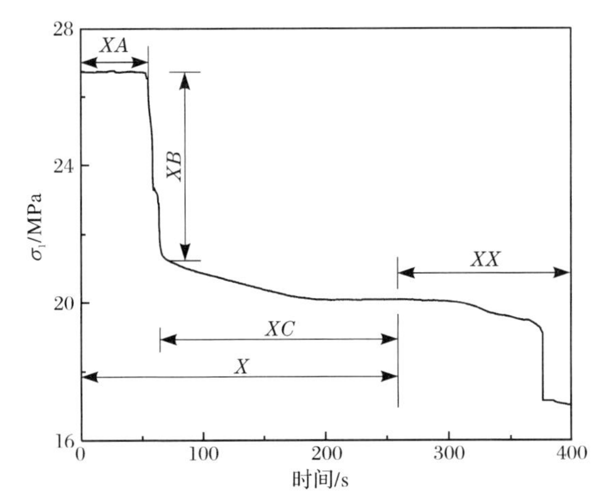

图 3.12　形成贯通性裂纹后进行溶解试验所得出来的轴向应力随时间的变化曲线

不断降低；不同之处在于不同裂纹的变化情况下岩盐试样的轴向应力降的规律有明显的差异。

（2）当裂纹未充分贯通时进行溶解，轴向应力降值较小，并且随着溶解时间的增加，轴向应力缓慢降低。但当形成贯通性裂纹后进行溶解试验，轴向应力降值很大，并且随着溶解时间的增加，轴向应力值的变化与图 3.11 中的轴向应力变化有着很大的差别。

（3）当形成贯通性裂纹后进行溶解试验，轴向应力随着时间的变化关系可以分为两个相似的阶段——X 段和 XX 段。第 X 段可以分为 XA、XB、XC 三小段。

XA 段中，轴向应力值基本不变；XB 段中，时间增量很小，但轴向应力值陡降；XC 段中，随着时间的增加，轴向应力值缓慢降低，并且轴向应力降的幅度越变越小。XX 段与 X 段相似，是 X 段中轴向应力-时间关系的一个再现。

2. 溶蚀作用下岩盐力学特性变化机制分析

当岩盐与水溶液相接触后，岩盐中的裂纹会因溶蚀作用的存在而使裂纹的尖端发生溶解，且形状发生改变，导致裂纹的临界应力强度因子 K_{Ic} 降低，当降低后的 K_{Ic} 小于裂纹的尖端附近产生的应力强度因子 K_{I} 时，裂纹发生失稳并扩展。由此可知，溶蚀作用下岩盐力学性质发生变化的机制在于岩盐发生溶解，从而使岩盐裂纹的临界应力强度因子降低，表现在单轴压缩条件下岩盐应力-溶解耦合效应的细观力学试验中，随着溶解时间的增加，轴向应力值不断地降低。

不同裂纹的变化情况下溶解阶段岩盐试样的轴向应力降的规律有明显的差异，其原因在于：

(1) 当裂纹未充分贯通时，进行溶解试验，此时只有表面裂纹与水溶液发生接触，随着溶解的发生，轴向应力值不断降低，但是由于表面裂纹的溶解并不能够明显的降低岩盐试样的整体性能，所以轴向应力值只能缓慢的降低。

(2) 当形成贯通性裂纹后进行溶解试验，贯通性裂纹与水溶液接触发生溶解后，岩盐试样的整体性能发生明显的降低，轴向应力值的变化也就与图 3.11 中的轴向应力变化有着很大的差别。

另外，出现图 3.12 中轴向应力随时间的变化规律的机制在于：

(1) 当溶解过程刚刚开始时，已形成贯通性裂面的主裂纹与水溶液发生接触进行溶解时，裂纹发生失稳扩展时的 K_{Ic} 由于溶解的作用而不断降低。但在短时间之内，K_{Ic} 比 K_{I} 要高，故在 XA 段中在短时间内轴向应力值基本不动。

(2) 当 K_{Ic} 不断降低，直至 $K_{\mathrm{Ic}} < K_{\mathrm{I}}$ 时，裂纹就会发生扩展，此时轴向应力值会在很短时间内陡降，故在 XB 段中，时间增量很小，但轴向应力值陡降。

(3) 随着时间的增加，裂纹在短时间内扩展释放出大部分积聚的能量之后，其残余能量随着裂纹后期的缓慢扩展而慢慢释放，到一定时间之后裂纹扩展基本停下来形成一个新的裂纹，这就造成在 XC 段中，随着时间的增加，轴向应力值缓慢降低，并且轴向应力降的幅度越变越小。

(4) 但是随着溶解时间的进一步增加，新裂纹的应力强度因子临界值 K'_{Ic} 值与新裂纹的尖端附近产生的应力强度因子 K'_{I} 会将在 X 段中的关系近似的重演，这就是 XX 段与 X 段相似的原因。在有的试验中 XX 段曲线并没有出现，这是因为这些试验中，第一个循环所持续的时间已经超过了试验时间($t = 400\mathrm{s}$)。

3. 溶解前后应力降的变化规律

通过试验发现，溶解阶段中，可溶岩试样所处的应力-应变状态与其溶蚀状态

(即不同溶解时间下的溶解质量)相关,可采用溶蚀前后应力降比值来反映溶解阶段溶蚀作用对力学性质的影响。通过对表3.3的数据进行分析,可以得出不同轴向塑性应变和溶解时间下溶解质量与应力降比值之间的关系表达式为

$$H(m)=\frac{1}{a_3}\left\{-\frac{0.42}{\exp\left[\frac{m(\varepsilon^{p},t=4)}{1.38}\right]}+0.43\right\}\left\{-\frac{0.436}{\exp\left[\frac{m(\varepsilon^{p}=7.2,t)}{1.137}\right]}+0.436\right\} \tag{3.4}$$

式中:$a_3=3.8$;H为溶解前后应力降比值;m为溶解质量,g;ε^{p}为轴向塑性应变,%;t为溶解时间,10^2s。

选取所有溶解时间为400s的岩盐试样的试验数据,得出了当溶解时间$t=400$s时,岩盐试样在溶解前后应力降比值与溶解质量之间的关系,如图3.13所示。从图3.13中可以看出:当溶解时间一定时,随着溶解质量的增加,应力降比值也在不断地增加,但其增长幅度不断降低,当溶解质量增加到一个较大的值时,应力降比值的增长幅度非常小。对试验数据进行曲线拟合,得出的拟合曲线如图3.13所示,拟合曲线的数学表达式为

$$H(m)\big|_{t=4}=-\frac{0.42}{\exp\left[\frac{m(\varepsilon^{p},t=4)}{1.38}\right]}+0.43 \tag{3.5}$$

式(3.5)的决定系数$R^2=0.951\ 18$,说明曲线的拟合度很好。

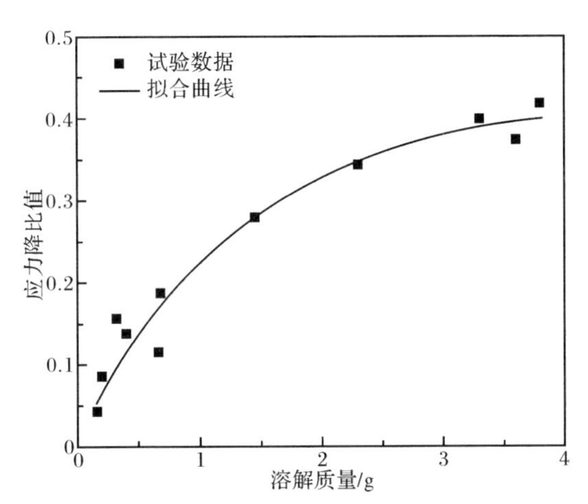

图3.13　溶解时间为400s时不同轴向塑性应变下应力降比值与溶解质量之间的关系

选取所有轴向塑性应变ε^{p}为7.2%的岩盐试样试验数据,得出了当轴向塑性应变$\varepsilon^{p}=7.2\%$时,岩盐试样在溶解前后应力降比值与溶解质量之间的关系,如

图 3.14所示。从图 3.14 中可以看出：当轴向塑性应变一定时，随着溶解质量的增加，应力降比值不断增加，但其增长幅度不断降低。对试验数据进行曲线拟合，得出的拟合曲线如图 3.14 所示，拟合曲线的数学表达式为

$$H(m)\big|_{\varepsilon^{\mathrm{p}}=7.2}=-\frac{0.436}{\exp\left[\dfrac{m(\varepsilon^{\mathrm{p}}=7.2,t)}{1.137}\right]}+0.436 \tag{3.6}$$

式中：t 为溶解时间，10^2 s。

式(3.6)的决定系数 $R^2=0.951\ 18$，说明曲线的拟合度很好。

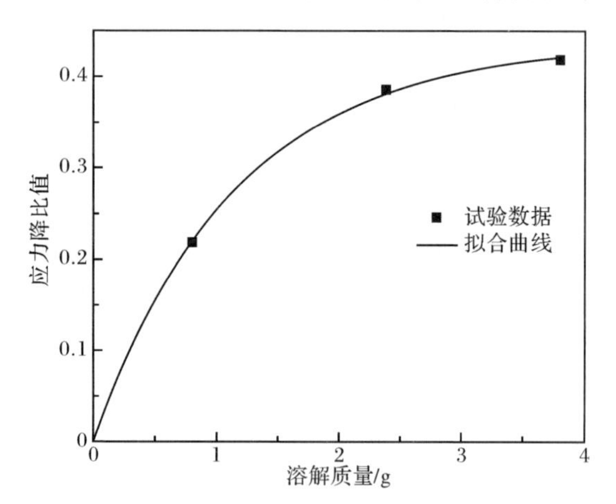

图 3.14　轴向塑性应变为 7.2%时不同溶解时间下应力降比值与溶解质量之间的关系

4.溶解后再加载阶段岩盐力学性质的变化

在加载-溶解-再加载试验中，由于溶解阶段岩盐试样的力学性质已经发生了变化，因此在再加载试验阶段，其轴向应力-轴向应变曲线与全过程加载(无溶解)试验的轴向应力-轴向应变曲线不同，而且，不同溶解状态下的再加载阶段的轴向应力-轴向应变曲线也有差异。

图 3.15 为在未达到应力峰值时进行溶解试验的加载-溶解-再加载试验全过程轴向应力-轴向应变曲线，图 3.16 中的曲线 I 为在超过应力峰值时进行溶解试验的加载-溶解-再加载试验全过程轴向应力-轴向应变曲线，图 3.16 中的曲线 II 为全程单轴压缩试验(无溶解)的轴向应力-轴向应变曲线。在图 3.15 和图 3.16 中，加载-溶解-再加载试验曲线可以分为三个阶段：A 段——加载阶段；B 段——溶解阶段；C 段——再加载阶段。

从图 3.15 和图 3.16 中可以看出：

(1) 在应力峰值前后进行溶解试验的加载-溶解-再加载试验全过程曲线有着

较大的差异。当未达到应力峰值时进行溶解试验时，溶解阶段的应力降比值较小，在随后的再加载阶段，随着轴向应变的增加，轴向应力先到达峰值后再降低；当超过轴向应力峰值后进行溶解试验时，溶解阶段的应力降比值较大，在随后的再加载阶段，随着轴向应变的增加，轴向应力值不断降低。

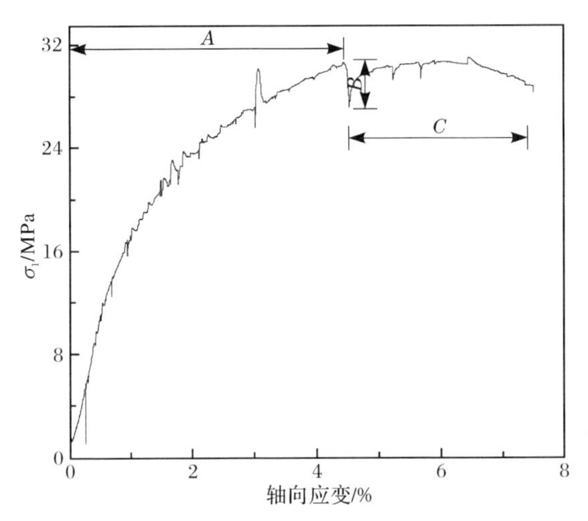

图 3.15　在未到应力峰值时进行溶解试验的加载-溶解-再加载试验全过程曲线

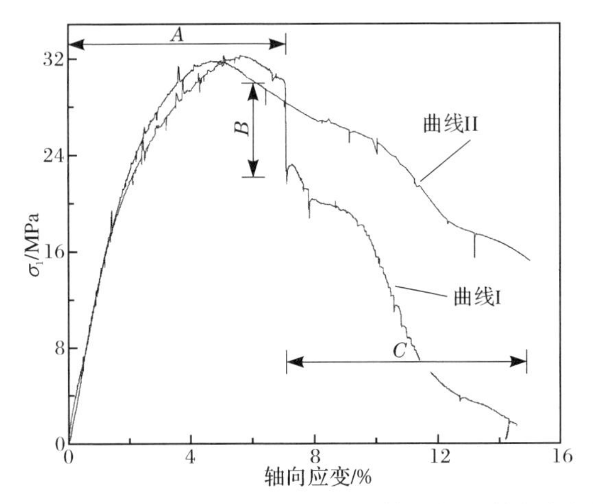

图 3.16　加载-溶解-再加载试验全过程轴向应力-轴向应变曲线与全过程单轴加载(无溶解)曲线的比较图

(2) 图 3.16 中曲线 I 中的 C 段(再加载阶段)曲线与曲线 II(也就是全过程单轴压缩曲线)的相对应部分在曲线形态上非常相似。

上述分析说明试样溶解之后岩盐的力学性质发生了变化，但再加载阶段曲线和不溶解全程加载的轴向应力-轴向应变曲线相似。

其原因在于：岩盐的结晶颗粒尺寸较大，晶体与晶体之间由胶结物填充，而且通常胶结物的刚度要比晶体的刚度小，抵抗变形的能力弱。在加载阶段，岩盐试样在受压状态下，产生的裂纹大多沿着晶体与晶体之间的交界面延伸；在溶解阶段，当与水接触后，晶体和胶结物与水接触的表面不断溶蚀，岩盐试样的主体结构未发生明显改变，另外岩盐力学性质发生变化的机制在于溶蚀作用下裂纹的临界应力强度因子降低，但有无溶蚀作用下岩盐的破坏机理是基本一致的；当进行再加载时，由于岩盐试样的主体结构未发生明显改变，以及岩盐的破坏机理未变，造成再加载阶段曲线和不溶解全程加载的应力-应变曲线相似。

3.1.6　试验影响因素

对试验产生影响的因素有岩盐试样尺寸的误差、测量溶解质量的误差、岩盐试样的不同等，但对试验产生影响最大的是由于岩盐试样出于本身微观组成上的不同而造成的。岩盐是以 NaCl 晶体为主要成分，通过晶界及其胶结、充填物所组成的沉积岩。组成岩盐的主要 NaCl 晶体尺寸的大小以及晶粒之间的胶结、充填物的性质的不同，造成了不同岩盐力学性质的差异。图 3.17 为试验中岩盐试样的晶体照片，从图中可以看出，岩盐 NaCl 晶体形状上很不规则，尺寸的大小最大可以达到 4～10mm，并且相邻 NaCl 晶体在尺寸上差别也非常大，这相比细观力学试验中的岩盐试样的尺寸来说，是不可忽略的。由于岩盐试样本身微观组成上的差异，造成各个试样的试验结果之间存在着差别。

图 3.17　岩盐试样的晶体照片

3.2　溶蚀作用下石膏岩力学特性试验

3.2.1　试验简介

1. 试验目的

本次试验的主要目的如下：

(1) 通过一系列有无溶蚀作用下石膏岩力学特性试验，对有无溶蚀作用下的石膏岩力学性质的差异进行分析。

(2) 基于试验结果对溶蚀作用下石膏岩力学特性发生变化的机理进行分析。

2. 试验仪器及试样的制备

溶蚀作用下石膏岩力学特性试验所采用的试验仪器与第 2 章中岩盐细观力学试验所采用的试验仪器是相同的，均为应力-水流-化学耦合的岩石破裂全过程细观力学试验系统，试验所用的石膏岩试样取自于某水库大坝地下工程区，岩层埋深大约为 450～500m。制作的石膏岩试样标准尺寸为 15mm×15mm×30mm，由人工在干燥环境中切割、磨制，石膏岩试样如图 3.18 所示。试样尺寸的误差在 ±0.3mm 以内，端面误差在 ±0.02mm，质量误差控制在 5%以内，岩样的尺寸和质量如表 3.4 所示。取样过程和试样加工均严格按照试验规范进行。

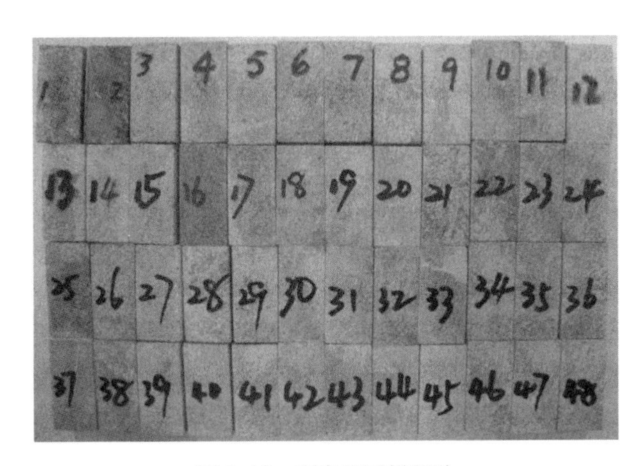

图 3.18　石膏岩试样照片

表 3.4　石膏岩试样数据

试样标号	尺寸/mm	质量/g	试样标号	尺寸/mm	质量/g
A2	30.00×15.00×14.84	15.02	A25	29.90×15.00×15.00	15.41
A3	30.00×14.96×14.76	14.98	A26	29.90×15.00×15.00	15.71
A5	30.00×15.00×14.82	15.29	A27	30.00×14.46×14.54	14.77
A7	30.00×14.92×14.74	15.36	A28	30.10×15.10×14.82	15.33
A9	30.00×14.84×14.54	14.80	A30	30.00×14.94×14.34	14.92
A11	30.00×14.74×14.88	15.18	A31	30.00×14.92×14.90	15.35
A12	30.00×14.90×14.84	15.24	A32	30.10×14.60×14.10	15.46
A13	29.94×14.94×14.86	15.40	A38	30.20×14.64×14.66	15.58
A14	30.00×14.60×15.00	15.15	A40	30.00×14.68×14.92	15.32
A15	30.20×14.72×14.92	15.49	A41	30.20×15.10×14.82	14.92
A17	30.10×15.10×14.74	15.54	A46	29.84×14.86×14.76	15.56
A18	30.20×14.80×14.76	15.10	A35	30.20×14.60×14.72	15.10
A19	30.00×14.94×15.02	15.00	A36	30.00×14.90×15.00	15.32
A20	29.82×14.92×15.00	15.55	A37	30.20×15.00×14.66	15.70
A21	29.54×14.60×14.90	15.39	A42	29.74×14.72×15.00	15.74
A23	29.80×14.64×14.80	14.92	A44	29.82×14.82×14.82	15.46
A24	30.18×15.00×15.00	15.63	A45	29.82×14.86×15.00	15.28

注:部分岩样试验失败,未列入表中。

3. 试验具体方案

试验的具体方案概述如下:

(1)试验前配制浓度为10%的氯化钠溶液。由于石膏岩微溶于盐水,为了避免两个端面溶蚀造成断面的不平整,引起试验误差,因此试验的过程中需要在加载方向的两个端面上均匀地涂抹一层704硅橡胶防水剂,这样做就只考虑岩样其余四个表面石膏岩与盐溶液的溶蚀作用,如图3.19所示,避免了端面溶蚀造成的误差。

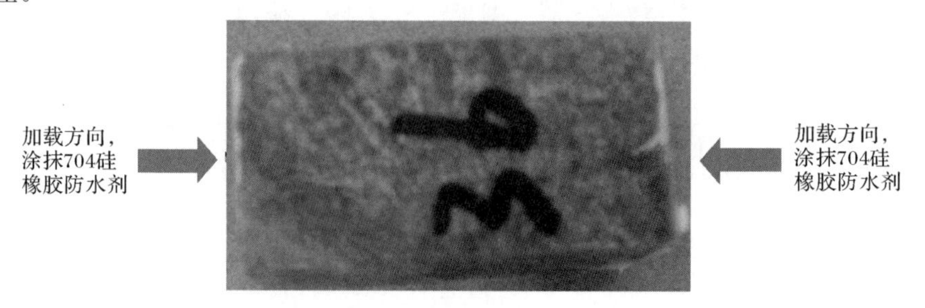

图3.19　涂抹704硅橡胶防水剂的石膏岩试样

(2) 试验过程中采用的均为位移加载方式，加载速率为 0.0015mm/min，当第一次加载到某一应变时，停止加载，此时的应变用 K_ε 表示，本书中出现 K_ε 时如无特别说明均表示第一次停止加载时的应变值。

(3) 取下加载盒，向加载盒中加入已经配制好的氯化钠溶液，使石膏岩岩样完全浸泡在盐水溶液中，此时岩样只有四个裸露表面与盐水接触而发生溶蚀作用。

(4) 试验中每组 3 个岩样，每个岩样设定不同的溶蚀时间 t，分别为 1h、2h、3h；当石膏岩岩样持续溶蚀到预定时间后，将加载盒中的溶液全部放出，待岩样干燥后继续进行石膏岩溶蚀之后的加载试验。

3.2.2　试验结果分析

1. 不同应变 K_ε 和相同溶蚀时间条件下

选取溶蚀时间 $t=2\text{h}$，第一次卸载应变 K_ε 为 0.1%、0.175%、0.3%的试验岩样 A11、A28、A41 进行试验结果分析。不同 K_ε、相同溶蚀时间条件下溶蚀后再加载阶段典型应力-应变曲线如图 3.20 所示，不同 K_ε、相同溶蚀时间条件下溶蚀后再加载至 0.3%应变值时石膏岩裂纹照片(放大 100 倍)如图 3.21 所示。

从图 3.20 和图 3.21 中可以看出，在相同溶蚀时间条件下，随着 K_ε 的变大，溶解后再加载阶段石膏岩试样裂纹变化越明显，这说明 K_ε 对溶蚀作用下石膏岩力学特性有影响。

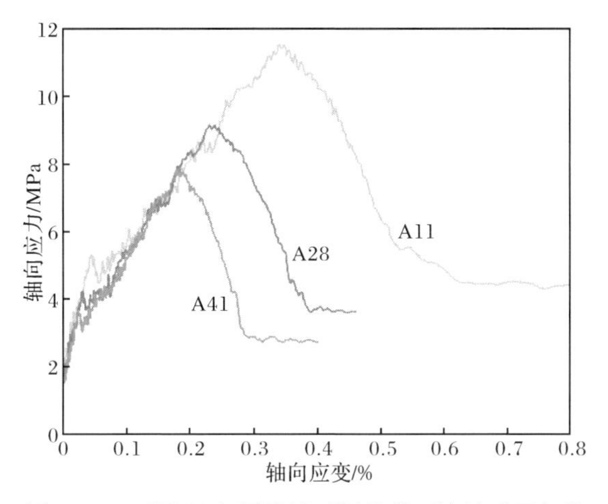

图 3.20　不同 K_ε 相同溶蚀时间条件下溶蚀后再加载阶段典型应力-应变曲线

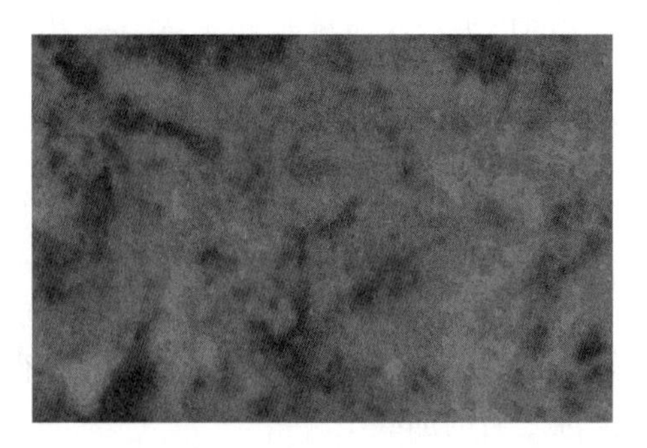

(a) 试样 A11(K_ε=0.1%,t=2h)

(b) 试样 A28(K_ε= 0.175%,t=2h)

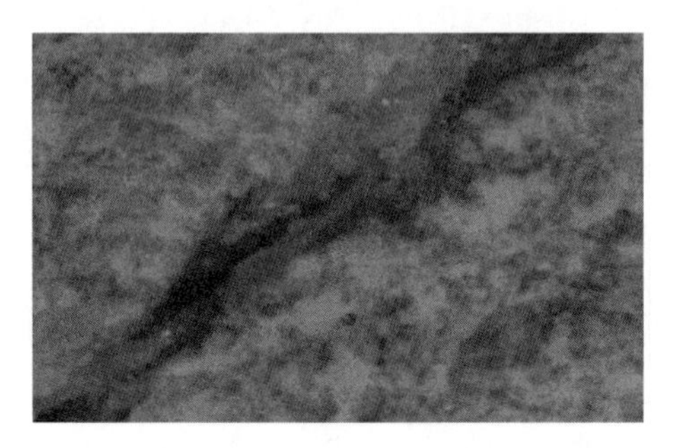

(c) 试样 A41(K_ε=0.3%,t=2h)

图 3.21　不同 K_ε 相同溶蚀时间条件下溶蚀后再加载至 0.3%应变值时石膏岩裂纹照片(放大 100 倍)

2. 相同应变 K_ε 和不同溶蚀时间条件下

选取 K_ε 为 0.235%,溶蚀时间为 1h、2h、3h 的试验岩样 A20、A21、A23 进行试验结果分析。相同 K_ε 不同溶蚀时间条件下溶蚀后再加载阶段典型应力-应变曲线如图 3.22 所示,相同 K_ε 不同溶蚀时间条件下溶蚀后再加载至 0.1%应变值时石膏岩裂纹照片(放大100倍)如图3.23所示。

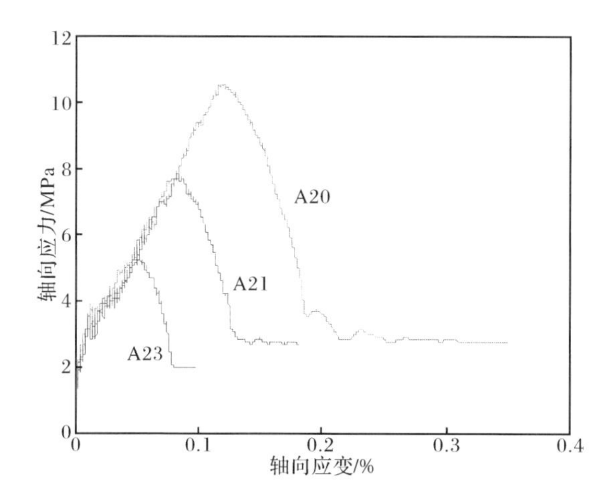

图3.22　相同K_ε不同溶蚀时间条件下溶蚀后再加载阶段典型应力-应变曲线

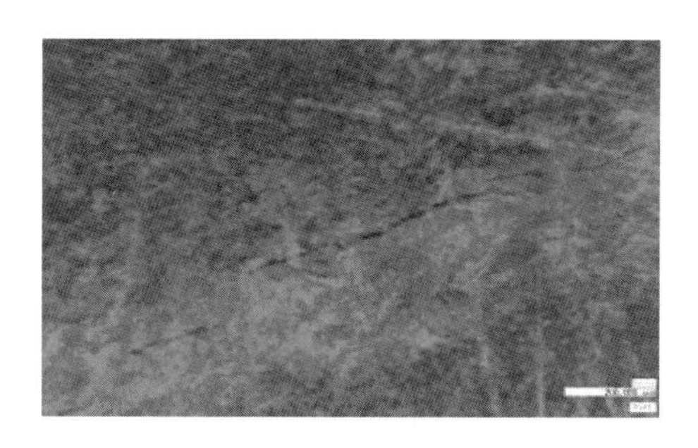

(a) 试样A20(K_ε=0.235%,t=1h)

(b) 试样A21(K_ε=0.235%,t=2h)

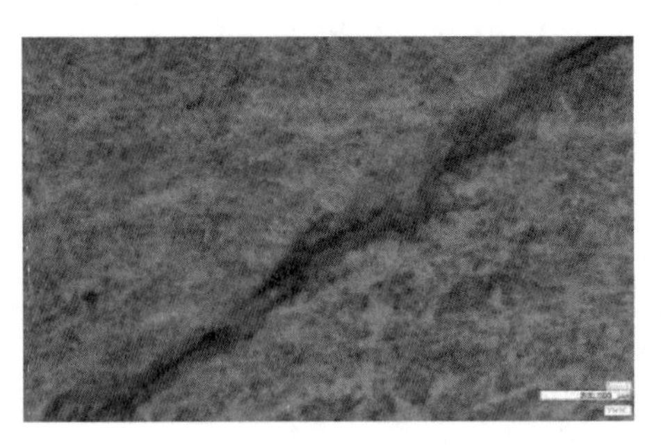

(c) 试样 A23(K_ε=0.235%，t=3h)

图 3.23　相同 K_ε 不同溶蚀时间条件下溶蚀后再加载至 0.1% 应变值时石膏岩裂纹照片(放大 100 倍)

从图 3.22 和图 3.23 中可以看出：在相同 K_ε 的条件下，随着溶蚀时间的增加，溶解后再加载阶段石膏岩试样裂纹变化越明显，这说明溶蚀时间对石膏岩力学特性的影响不可忽略。

3. 溶蚀作用下石膏岩力学特性发生变化机制分析

通过上述试验结果可发现：随着 K_ε 的变大(即第一次加载过程造成石膏岩试样裂纹发育与扩展越明显)，溶蚀相同溶蚀时间后再加载过程中，与当 K_ε 相同时(即第一次加载过程结束时石膏岩试样所处的应力-应变状态相同)，溶蚀不同溶蚀时间后再加载过程中，石膏岩裂纹形态变化越明显，且石膏岩单轴压缩条件下轴向应力-应变曲线中峰值点所对应的轴向应力、轴向应变值不断降低。这说明溶蚀作用下石膏岩力学特性的变化与裂纹的发育、扩展有着直接的联系，因此可以通过不同溶蚀条件下裂纹的发育与扩展对溶蚀作用下石膏岩力学性质的变化规律进行分析。

(1) 当 K_ε 相同时，随着溶蚀时间的增加，由于石膏岩表面裂纹不断溶蚀，石膏岩表面裂纹的临界应力强度因子值不断弱化，从而导致在随后的再加载过程中石膏岩的力学特性受到影响。

(2) 随着 K_ε 的变大，石膏岩的裂纹发育与扩展阶段不同(例如，随着 K_ε 的变大，裂纹会发生细观裂纹、细观主裂纹以及贯通性裂面的转变)，在相同溶蚀时间条件下，不同发育与扩展阶段的裂纹受溶蚀作用的影响不同，从而导致在随后的再加载过程中峰值点所对应的轴向应力、轴向应变值随着 K_ε 的变大而不断降低。

3.2.3　试验的影响因素

试验的影响因素有石膏岩试样尺寸大小的误差、组成石膏岩矿物成分的不同所带来的误差、配制 10%NaCl 溶液时产生的误差、加载速率、试验系统本身所产生的误差，但对试验产生重要影响的是石膏岩微观组成上的不同。石膏岩主要是以 $CaSO_4$ 主要成分，通过晶界及胶结物所组成的沉积岩，组成石膏岩的 $CaSO_4$ 晶体尺寸的大小、晶粒之间的胶结、充填物性质的不同，这些因素造成了石膏岩力学性质的差异。

3.3　三轴应力作用下岩盐溶蚀特性试验

3.3.1　试验方案

三轴应力作用下岩盐溶蚀特性试验目的为：

(1) 通过无应力作用下的可溶岩溶蚀试验以及不同围压下的应力作用下可溶岩溶蚀特性试验，对比不同应力作用（无应力、单轴应力和三轴应力）下的可溶岩溶蚀特性。

(2) 通过不同围压下的应力作用下可溶岩溶蚀特性试验，获取三轴应力作用下可溶岩溶蚀特性与可溶岩力学性质之间的定量关系。

具体的试验方案概述如下：

1) 可溶岩试样制备

用于三轴应力作用下可溶岩溶蚀特性试验的可溶岩试样标准尺寸为 ϕ37.5mm×75mm，在可溶岩试样加工的过程中，不仅要满足其加工精度，而且还要注意对可溶岩的保护，避免对可溶岩试样表面造成损坏，影响试验结果。

2) 无应力作用下可溶岩溶蚀试验

采用长方体可溶岩试样进行无应力作用下的可溶岩溶蚀试验，测试不同溶解时间时长方体可溶岩试样在蒸馏水中所溶蚀的可溶岩质量。在试验中，除了 1 个面裸露外，长方体可溶岩试样的其他面均用 703 硅橡胶均匀涂抹。

3) 力学试验阶段

力学试验阶段为三轴应力作用下可溶岩溶蚀特性试验的第一阶段，在中国科学院武汉岩土力学研究所与法国里尔科技大学合作研制开发的岩石多场耦合三轴伺服流变仪（该仪器性能介绍参见 2.1.1 节）上进行，试验的围压分别为 0MPa、2MPa、5MPa 和 15MPa，采用轴向位移加载控制方式，轴向加载速率为 0.022mm/min。将可溶岩试样加载到不同的应力应变状态后，进行卸载，将可溶岩试样从三轴室中取出并将可溶岩试样表面的油液清净，因为可溶岩试样表面的液压油液会阻碍可溶岩的溶蚀。

4) 溶蚀试验阶段

溶蚀试验阶段为三轴应力作用下可溶岩溶蚀特性试验的第二阶段，首先将卸载下来的可溶岩试样轴线方向的两个端面用 703 硅橡胶均匀涂抹，再将可溶岩试样完全浸泡于蒸馏水中，测试不同溶解时间时可溶岩试样在蒸馏水中所溶蚀的可溶岩质量。

3.3.2 试验数据

无应力作用下岩盐溶蚀试验数据如表 3.5 所示，并将溶蚀的岩盐质量统一换算为岩盐溶解速率，称为无应力溶解速率。

表 3.5　无应力作用下岩盐溶蚀试验数据

试样	溶蚀端面尺寸 /mm	溶解时间 /s	溶蚀质量 /g	无应力溶解速率 /[g/(cm² · 10²s)]
Z-1	74.3×35.0	100	0.607	0.0233
		200	1.342	0.0516
		300	2.131	0.0819
		600	5.025	0.1932
		900	8.362	0.3215
Z-2	75.8×37.3	100	0.660	0.0234
		200	1.459	0.0517
		300	2.317	0.0818
		600	5.464	0.1933
		900	9.091	0.3214
Z-3	74.5×36.0	100	0.626	0.0233
		200	1.384	0.0515
		300	2.198	0.0820
		600	5.183	0.1930
		900	8.624	0.3216

对表 3.5 中无应力溶解速率与溶解时间的试验数据进行曲线拟合，可以得出无应力溶解速率与溶解时间之间的关系表达式为

$$v(t) = 0.361\exp\left(\frac{t}{14.016}\right) - 0.363 \tag{3.7}$$

式中：v 为无应力溶解速率，$g/(cm^2 \cdot 10^2 s)$；t 为溶解时间，$10^2 s$。

三轴应力作用下岩盐溶蚀特性试验中卸载点的应力、应变值以及不同溶解时间的溶蚀质量如表 3.6 所示。表 3.6 中试样 A0 代表圆柱形岩盐试样在无应力作用下的溶蚀试验数据，其所对应的不同溶解时间下的溶蚀质量是根据式(3.7)换算出来的。表 3.6 中应变是以压缩的正应变为正。

塑性体应变的计算公式为

$$\varepsilon_v^p = (\varepsilon_1 + \varepsilon_2 + \varepsilon_3) - \frac{1-2\nu}{E}(\sigma_1 + \sigma_2 + \sigma_3) \tag{3.8}$$

式中：ε_1 为轴向应变；$\varepsilon_2 = \varepsilon_3$ 为环向应变；σ_1 为轴向应力；$\sigma_2 = \sigma_3$ 为围压；E 为弹性模量；ν 为泊松比。

各岩盐试样卸载点的塑性体应变值如表 3.6 所示。从表 3.6 中可以看出，不同围压下，在轴向塑性应变相同时，其塑性体应变相差较大，而且计算出来的塑性体应变都为负值(负值说明岩盐试样体积在增加，正值说明岩盐试样体积在减少，在后续的分析中取其绝对值)。

表 3.6　三轴应力作用下岩盐溶蚀特性试验数据

试样	卸载点应力/MPa		卸载点应变/%		塑性体应变/%	溶蚀质量/g				
	偏压	围压	轴向	环向		100s	200s	300s	600s	900s
A0	—	—	—	—	—	2.063	4.558	7.24	17.075	28.411
A1	16.53	0	1	−1.39	−1.84	2.284	4.792	7.605	17.567	30.536
A2	17.48	0	1.32	−2.08	−2.89	2.295	4.844	7.713	18.403	30.905
A3	18.35	0	1.73	−3.16	−4.65	2.427	5.222	8.285	19.617	33.214
A4	20.16	0	1.94	−3.62	−5.36	2.781	5.707	9.313	21.802	36.532
A5	22.04	0	2.02	−3.91	−5.86	3.316	6.413	11.224	26.375	42.107
A6	22.97	0	2.26	−4.17	−6.15	3.422	7.529	11.509	27.836	48.391
A7	23.24	0	2.5	−4.8	−7.19	4.202	8.804	14.018	33.72	55.463
A8	22.16	0	2.74	−5.75	−8.92	6.902	15.317	24.312	57.103	95.707
A9	21.56	0	3.06	−6.38	−9.85	7.871	15.812	24.901	58.968	102.424
A10	20.8	0	3.24	−7.32	−11.52	8.023	16.205	27.654	63.201	108.104
B11	17.93	2	1.00	−0.98	−1.03	2.224	4.705	7.581	17.713	30.606
B12	20.07	2	2.22	−2.48	−2.91	2.262	4.767	7.637	17.791	30.712
B13	24.18	2	2.84	−3.86	−5.09	2.303	4.947	7.814	18.833	32.849
B14	26.75	2	3.62	−4.91	−6.44	2.533	5.432	8.576	20.407	35.404
B15	29.38	2	4.04	−5.56	−7.34	2.807	5.822	9.201	21.776	36.913
B16	30.64	2	4.57	−6.32	−8.31	3.457	7.489	12.413	28.508	47.202
B17	28.35	2	5.28	−7.30	−9.53	5.122	11.532	19.706	46.051	76.95

续表

试样	卸载点应力/MPa		卸载点应变/%		塑性体应变/%	溶蚀质量/g				
	偏压	围压	轴向	环向		100s	200s	300s	600s	900s
C18	27.46	5	2.06	−1.43	−0.95	2.144	4.76	7.547	17.952	30.407
C19	33.65	5	4.12	−3.68	−3.49	2.183	4.787	7.649	18.088	30.512
C20	37.82	5	6.08	−5.74	−5.73	2.203	4.834	7.725	18.291	30.635
C21	38.97	5	7.11	−7.08	−7.23	2.226	4.896	7.835	18.657	32.252
C22	43.91	5	8.03	−8.13	−8.61	2.502	5.344	8.561	20.093	35.405
D23	32.63	15	2.54	−1.99	−1.68	2.071	4.602	7.421	17.571	29.474
D24	37.12	15	3.97	−3.34	−3.36	2.117	4.642	7.447	17.665	29.662
D25	42.63	15	6.13	−5.02	−4.18	2.141	4.692	7.483	17.782	29.958
D26	53.12	15	8.25	−6.17	−4.92	2.200	4.759	7.584	17.891	30.481

3.3.3 三轴应力作用下可溶岩溶蚀特性分析

1. 不同应力作用下岩盐溶蚀特性对比

根据表 3.6 岩盐溶蚀特性试验数据，对不同应力作用下岩盐溶蚀特性进行对比分析，可以得出：

(1) 在相同溶解时间下，不同的围压，特别是塑性应变明显产生后，岩盐的溶蚀特性会发生显著的变化。

(2) 围压的大小对岩盐溶解速率有影响，对于岩盐溶解速率来说，三轴应力作用的影响不可忽略。

2. 试验数据分析

通过上述试验可以发现，在溶蚀试验阶段，相同的溶解时间内岩盐试样宏观溶蚀速率(即所溶蚀的质量)与岩盐试样所处的应力-应变状态有关，采用卸载点处的塑性体应变、围压来量化这一状态。在相同的塑性体应变与围压下，宏观溶蚀速率随着溶解时间变化而变化。

通过以上分析可知，应力作用下岩盐溶蚀速率的变化可以通过宏观溶蚀速率与塑性体应变、围压和溶解时间之间的关系来进行定量描述。对表 3.6 中溶蚀质量、塑性体应变、围压和溶解时间的试验数据进行曲线拟合，并将溶蚀质量换算成宏观溶蚀速率，可以得出宏观溶蚀速率与塑性体应变 ε_v^p 、围压 σ_3 和溶解时间 t 之间的关系表达式为

$$v(\sigma_3,\varepsilon_v^p,t)=0.0113(0.5t^2+7.412t)\cdot\left[1-\frac{0.716}{1+\exp(0.8\sigma_3)\exp\left(\frac{-\varepsilon_v^p-7.66}{0.915}\right)}\right] \tag{3.9}$$

式中：v 为应力作用下宏观溶解速率，g/(cm^2 · 10^{2}s)；$-11.52\leqslant\varepsilon_v^p\leqslant 0$，$\varepsilon_v^p$ 的单位为%；$0\leqslant\sigma_3\leqslant 15$，$\sigma_3$ 单位为 MPa；$0\leqslant t\leqslant 9$，t 的单位为 10^{2}s。

3. 相同围压条件下的岩盐溶蚀特性

为了直观地分析和比较有无应力作用岩盐溶蚀特性的差异，定义应力影响质量这个概念，其含义为相同溶解时间下应力作用下岩盐的溶蚀质量与无应力作用下溶蚀质量之差，其值反映了相同溶解时间下应力作用与无应力作用下岩盐宏观溶解速率之间的差异。

围压分别为 0、2MPa、5MPa、15MPa 时，岩盐应力影响质量与塑性体应变、溶解时间之间的变化规律基本相似，围压为 5MPa 时应力影响质量与塑性体应变、溶解时间之间的关系如图 3.24 所示，图中的曲线为试验数据拟合曲线。从图 3.24中可以看出：

(1) 在相同围压条件下，当给定塑性体应变值时，随着溶解时间的增加，应力影响质量不断增加，并且其增长速率也不断增大。

(2) 在相同围压条件下，当给定溶解时间随着塑性体应变的增加，应力影响质量不断增加。

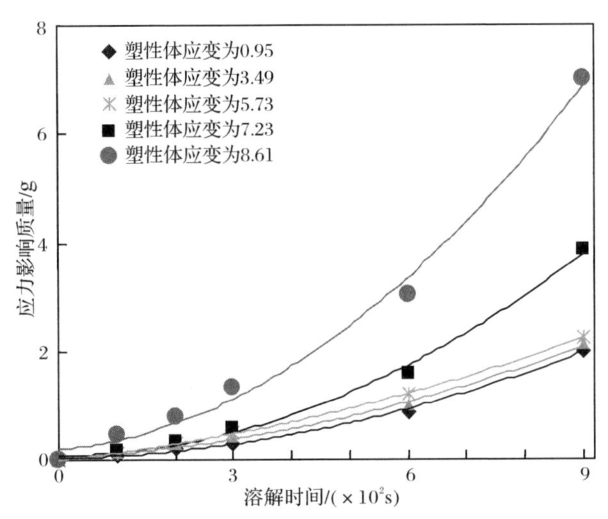

图 3.24　围压为 5 MPa 时不同塑性体应变下应力影响质量与溶解时间之间的关系

图 3.25～图 3.27 分别为 A1、A5 和 A9 试样溶蚀前后的照片，在图 3.27 中使用线框标记了不同溶解时间时岩盐裂纹形态的变化。从图 3.25～图 3.27 中可以看出：

(a) $t=0$　　(b) $t=300s$　　(c) $t=900s$

图 3.25　A1 试样($\varepsilon_v^p=1.84\%$)溶蚀前后的照片

(a) $t=0$　　(b) $t=300s$　　(c) $t=900s$

图 3.26　A5 试样($\varepsilon_v^p=5.86\%$)溶蚀前后的照片

(1) 在相同的围压条件下，随着 ε_v^p 和溶解时间的增加，岩盐试样溶蚀后形态发生了变化，且随着 ε_v^p 的增加，试样溶蚀后形态的变化越大。

(2) 当 ε_v^p 较小时，表面裂纹未扩展至贯通性状态(如图 3.25 和图 3.26 所示)，试样溶蚀后形态变化较小。

(3) 特别是出现如图 3.27 所示的贯通性裂纹后，随着溶解时间的增加，裂纹的形态变化显著，其意味着随着溶解时间的增加，岩盐与水溶液接触的溶蚀面积随之较快增加，应力影响质量明显增加。

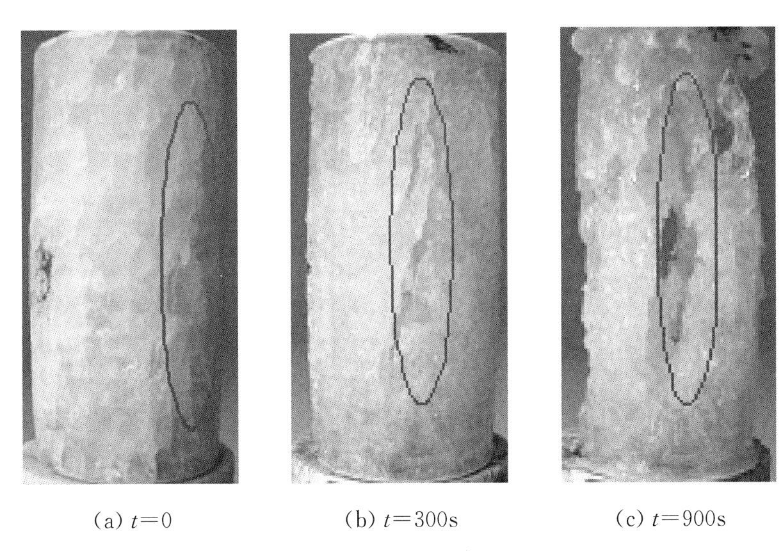

(a) $t=0$　　(b) $t=300\text{s}$　　(c) $t=900\text{s}$

图 3.27　A9 试样($\varepsilon_v^p=9.85\%$)溶蚀前后的照片

4. 不同围压条件下的岩盐溶蚀特性

图 3.28 为溶解时间为 900s 时不同围压条件下应力影响质量与塑性体应变之间的关系图，图中曲线为试验数据拟合曲线。其他溶解时间(100s、200s、300s、600s)时不同围压条件下应力影响质量与塑性体应变之间的关系与图 3.28 相似。

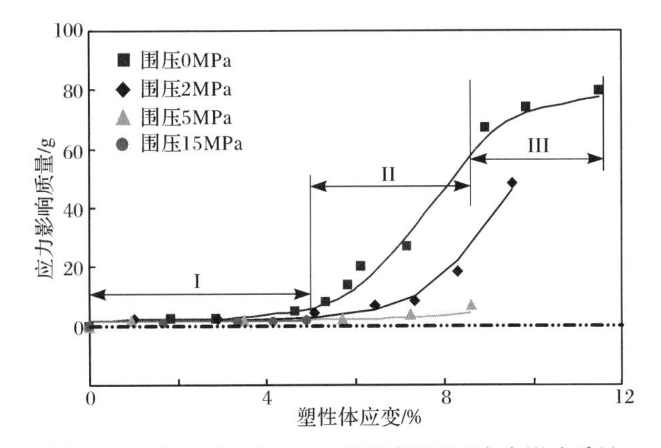

图 3.28　溶解时间为 900s 时不同围压下应力影响质量与塑性体应变之间的关系

从图 3.28 中可以看出：

（1）在相同的溶解时间下，不同的围压下，岩盐应力影响质量与塑性体应变之间的变化规律存在着差异。当围压 σ_3 =0 时，应力影响质量与塑性体应变之间的变化规律可分为 3 个阶段：缓慢增长阶段（I 阶段）、急剧变化阶段（II 阶段）以及最后的减缓阶段（III 阶段）；当围压 σ_3 =2MPa，5MPa 时，只有 I、II 阶段存在；当围压 σ_3 =15MPa 时，只有 III 阶段存在。

造成这个现象的原因在于：塑性体应变与围压的值相关，随着围压的增加，由于仪器测量量程的限制，部分变化阶段无法获得。

（2）在相同的溶解时间下，当塑性体应变一定时，随着围压的增加，应力影响质量值不断降低。当围压 σ_3 =0 时，应力影响质量值最大；当围压 σ_3 =15MPa 时，应力影响质量值较小。

为了更直观地分析不同围压下的岩盐溶蚀特性，选取试样 A5、B14、C21 和 D26 溶蚀前后的照片进行对比，这 4 个试样的试验条件是围压不同，但溶蚀时塑性体应变值相差较小。A5 试样溶蚀前后的照片已在图 3.26 中列出，图 3.29～图 3.31分别为 B14、C21 和 D26 试样溶蚀前后的照片。

(a)t=0　　(b)t=900s

图 3.29　B14 试样(ε_v^p =5.86%，σ_3 = 2MPa)溶蚀前后的照片

从图 3.26、图 3.29～图 3.31 中可以看出：在相同的溶解时间、塑性体应变也相差较小的条件下，不同围压下岩盐试样溶蚀前后的形态差异较明显，且随着围压的增加，试样溶蚀后形态的变化越小，在围压为 15MPa 时，试样溶蚀前后形态基本无变化。

(a)$t=0$　　(b)$t=900$s

图 3.30 C21 试样($\varepsilon_v^p=7.23\%$,$\sigma_3=5$MPa)溶蚀前后的照片

(a)$t=0$　　(b)$t=900$s

图 3.31 D26 试样($\varepsilon_v^p=4.92\%$,$\sigma_3=15$MPa)溶蚀前后的照片

3.3.4 三轴应力作用下岩盐溶蚀特性变化机理分析

岩盐与水溶液接触发生溶解,其溶蚀速率的大小取决于岩盐与水溶液接触的溶蚀作用面有效面积的大小。在三轴应力作用下,特别是产生塑性变形后,表面裂纹会不断发育与扩展,使溶蚀作用面有效面积增加,从而使岩盐溶蚀速率变大;同时,由于围压的存在,限制了岩盐表面裂隙的发育与扩展,阻止了岩盐晶粒间的相对滑移,从而造成不同围压下表面裂纹的发育与扩展程度不同。

基于三轴应力作用下岩盐溶蚀特性试验成果，以及上述机理分析，可认为三轴应力作用下岩盐溶蚀速率变化和不同围压下表面裂纹的发育与扩展有着直接的联系，具体分析如下：

1. 围压一定时

在塑性变形产生、塑性体应变较小时，岩盐表面出现细观裂纹，与水接触后，表面细观裂纹变化较小，溶蚀作用面有效面积缓慢增加。

随着塑性体应变的增加，岩盐表面出现细观主裂纹，与水接触后，细观主裂纹形态急剧变化，溶蚀作用面有效面积增加明显，造成溶蚀速率增加，且其增加幅度也在变大。

当塑性体应变较大时，贯通性裂纹产生，与水接触后，贯通性裂纹形态发生变化，溶蚀作用面有效面积增加，但其增幅变缓。

2. 不同围压时

单轴压缩状态下，岩盐裂纹的发育与扩展未受围压的限制，表面裂纹的开度相对较大，使得水溶液较容易侵入发生溶蚀作用，溶蚀速率易受应力作用的影响。

低围压(2MPa、5MPa)条件下，岩盐裂纹的发育与扩展受到围压的影响，表面裂纹的开度较小，水溶液较难侵入到裂纹内部发生溶蚀作用，溶蚀速率受应力作用的影响降低。

当围压较高(15MPa)时，围压限制了裂纹的发育与扩展，且由于应力的压密作用使得裂纹的开度较小，溶蚀速率受应力作用的影响较小。

从以上分析可知：随着围压的增加，表面裂纹的发育与扩展受到的限制越强，溶蚀作用面的有效面积越小，造成溶蚀速率受应力作用的影响越小。

3.3.5　试验影响因素

试验的主要影响因素如下：

(1) 组成岩盐的主要 NaCl 晶体尺寸的大小以及晶粒之间的胶结、充填物的性质的不同，造成了岩盐力学和溶蚀特性的差异。

(2) 在试验过程中，岩盐试样先加载至一定应力-应变状态，再将应力卸载，最后进行溶蚀试验。在进行溶蚀试验之前，岩盐试样的变形特征会由于卸载而发生变化，从而对试验结果造成影响。

(3) 溶蚀后从水溶液中取出试样，再进行溶蚀质量的测定，在此过程中，溶蚀质量值会产生一定的偏差。

3.4 本章小结

本章基于单轴压缩条件下岩盐应力-溶解耦合效应的细观力学试验、溶蚀作用下石膏岩力学特性试验以及三轴应力作用下岩盐溶蚀特性试验，对可溶岩应力-溶解耦合特性进行了分析。分析结果表明，对于可溶岩（岩盐）溶蚀速率来说，应力作用的影响不可忽略，应力作用下可溶岩（岩盐）溶蚀速率变化与不同围压下表面裂纹的发育与扩展有着直接的联系；溶蚀作用对可溶岩（岩盐、石膏岩等）力学特性的影响不可忽略，溶蚀作用下可溶岩力学性质发生变化的机制在于溶蚀作用下可溶岩裂纹的临界应力强度因子降低。所取得的试验分析结果为后续可溶岩应力-溶解耦合效应研究提供了必要的试验依据。

第 4 章　溶蚀作用下可溶岩塑性力学模型研究

溶蚀作用对可溶岩力学特性的影响不可忽略，基于溶蚀作用下可溶岩力学性质发生改变机理，以及有无溶蚀作用下可溶岩力学特性的变化规律，本章对溶蚀作用下可溶岩塑性力学模型进行研究。

4.1　溶蚀作用下可溶岩力学性质发生改变机理

在溶蚀作用下，可溶岩力学性质会发生变化，这一点在第 3 章中已经得到了验证，但有无溶蚀作用下岩石的破坏机理是基本一致的。通过对可溶岩力学破坏机理的分析，可以得出溶蚀作用下可溶岩力学性质发生变化的原因，从而建立溶蚀作用下可溶岩的力学模型。

4.1.1　可溶岩力学破坏机理

基于第 2 章中细观-宏观耦合的可溶岩弹塑性损伤耦合机理研究（详见 2.2 节）可知：在一定的应力作用下，可溶岩（岩盐、石膏岩）产生变形，从而同时产生以裂纹扩展为主要特征的损伤破坏机制和以裂纹错动为主要特征的塑性破坏机制。故可着眼于裂纹的发育与扩展，对可溶岩力学破坏机理进行描述。

对于岩盐、石膏岩，由于组成岩石的矿物的物理性质不同，成岩条件和成岩过程不同，岩石内部的组织结构也有很大的差异，造成岩石的非均质性。另一方面，岩石从微观到宏观都存在着大量的裂纹。这种带有裂隙、孔隙等缺陷的材料，在载荷作用下往往在裂纹尖端产生应力集中，当它达到临界值时，裂隙就会扩展，进而造成整个试样的破坏。

裂纹在外力作用下按扩张方式可分为三种形式：

(1) 张开型（I 型）：在垂直于裂纹面的拉应力作用下，使裂纹张开而扩展。

(2) 滑开型（II 型）：在平行于裂纹表面而垂直于裂纹前缘的剪应力作用下，使裂纹滑开而扩展。

(3) 撕开型（III 型）：在既平行于裂纹表面又平行于裂纹前缘的剪应力作用下，使裂纹撕开而扩展。

如果裂纹同时受正应力和剪应力作用，这时 I 和 II 型（或 III 型）同时存在，称为复合型裂纹。

由于裂纹尖端附近处的各应力分量、应变分量和位移分量均与裂纹应力强度因子相关，故可以考虑按照应力强度因子来建立裂纹发生失稳扩展的判据。按应力强度因子建立的断裂判据为：

当带裂纹的岩石试样受到外力作用时，裂纹尖端的实际应力强度因子 K_{I}值超过了裂纹发生失稳扩展时材料的临界应力强度因子值 K_{Ic}时，岩石试样就会因为裂纹发生失稳扩展而断裂，即

$$K_{\mathrm{I}}=K_{\mathrm{Ic}} \tag{4.1}$$

4.1.2　溶蚀作用下可溶岩力学性质发生改变机理分析

基于单轴压缩条件下岩盐应力-溶解耦合效应的细观力学试验、溶蚀作用下石膏岩力学特性试验以及三轴应力作用下岩盐溶蚀特性试验结果，以及可溶岩力学破坏机理，从细观和宏观的角度，对溶蚀作用下可溶岩力学性质发生改变机理分析如下：

1. 从细观的角度

从细观的角度，无溶蚀作用下可溶岩力学破坏机理为在应力作用下，裂缝尖端的实际应力强度因子 K_{I}超过了裂缝的临界应力强度因子 K_{Ic}，造成裂缝失稳并扩展。但是在溶蚀作用下，可溶岩表面裂缝被溶解，导致裂隙的 K_{Ic}降低为 K'_{Ic}，使裂纹达到起裂条件 $K_{\mathrm{I}}>K'_{\mathrm{Ic}}$，从而造成裂纹失稳并且扩展。根据单轴压缩条件下岩盐应力-溶解耦合效应的细观力学试验结果，在溶解阶段，随着溶解时间的增加，轴向应力值不断降低，该试验结果定性验证了溶蚀作用下可溶岩力学破坏机理。

2. 从宏观的角度

从宏观的角度，由于可溶岩（如岩盐、石膏岩等）主要由尺度较大的晶体颗粒以及晶体之间填充的胶结物组成，并且通常胶结物的刚度比晶体的刚度小，无溶蚀作用下，可溶岩试样在受压状态下所产生的裂纹大多沿着晶体与晶体之间的交界面延伸。但是，溶蚀作用下，由于晶体和胶结物被溶解，晶体之间的内摩擦力改变，并且胶结物之间的黏结力被削弱，该特征反映在宏观上的表现即为可溶岩宏观力学参数（如黏聚力、内摩擦角以及抗拉强度等）受到溶蚀作用的影响而发生变化。

基于上述分析，可以得出：溶蚀作用下可溶岩力学性质发生改变机理在于溶蚀作用使得可溶岩宏观力学参数发生了变化，但可溶岩力学破坏机理并没有本质上的改变。

4.2　溶蚀作用下可溶岩塑性力学模型的建立

基于溶蚀作用下可溶岩力学性质发生改变机理以及无溶蚀作用下可溶岩塑性力学模型，对溶蚀作用下可溶岩塑性力学模型进行了研究。

1. 溶蚀作用下岩盐塑性力学模型的基本假设

（1）溶蚀作用使得可溶岩宏观力学参数发生了变化，但可溶岩力学破坏机理并没有本质上的改变，且应变硬化-软化模型可用于描述可溶岩塑性力学行为，故可假定，应变硬化-软化模型适用于计算溶蚀前后可溶岩塑性力学性质。

（2）溶蚀作用下，由于晶体和胶结物被溶解，晶体之间的内摩擦力变化较微弱，致使内摩擦角 ϕ 变化较微弱；但胶结物之间的黏结力被削弱，致使胶结物之间的黏聚力值 c 发生较明显的变化。故可假定，溶蚀前后 c 降低，但 ϕ 不变。

（3）假定溶解阶段可溶岩抗拉强度和剪胀角不变。

（4）通过第 3 章试验发现，当可溶岩试样处于弹性阶段和表面细观裂纹阶段，溶蚀作用对可溶岩试样的力学特性影响很小，这说明溶蚀作用对可溶岩的弹性参数影响可以忽略，故可假定，溶蚀前后可溶岩弹性参数不变。

（5）假定可溶岩力学参数不受围压的影响。

（6）通过第 3 章试验发现，单轴压缩条件下岩盐应力-溶解耦合效应细观力学试验中溶解后再加载阶段的轴向应力-轴向应变曲线和单轴压缩条件下岩盐全过程加载试验（无溶蚀作用）中相对应部分的轴向应力-轴向应变曲线之间，在形态上存在着较好的相似性，故可假定，黏聚力值的变化趋势在溶解后再加载阶段与全过程加载试验（无溶蚀作用）中相对应部分可认为是一致的。

2. 溶蚀作用下可溶岩塑性力学模型的建立

基于上述基本假设，溶蚀作用下可溶岩塑性力学模型的复合准则在（σ_1，σ_3）平面上的描述如图 4.1 所示。在图 4.1 中，折线 ABC 反映了无溶蚀作用下可溶岩塑性力学模型复合准则；折线 DEC 反映了溶蚀作用下可溶岩塑性力学模型复合准则。

A 点到 B 点为无溶蚀作用下可溶岩塑性力学模型的屈服准则 $f^s=0$，其 f^s 的表达式为

$$f^s=\sigma_1-\sigma_3 N_\phi+2c\sqrt{N_\phi} \tag{4.2}$$

式中：ϕ 为内摩擦角；$N_\phi=(1+\sin\phi)/(1-\sin\phi)$；$c$ 为无溶蚀作用下的黏聚力。

D 点到 E 点为溶蚀作用下可溶岩塑性力学模型的屈服准则 $f_D^s=0$，且 $AB/\!/DE$。f_D^s 的表达式为

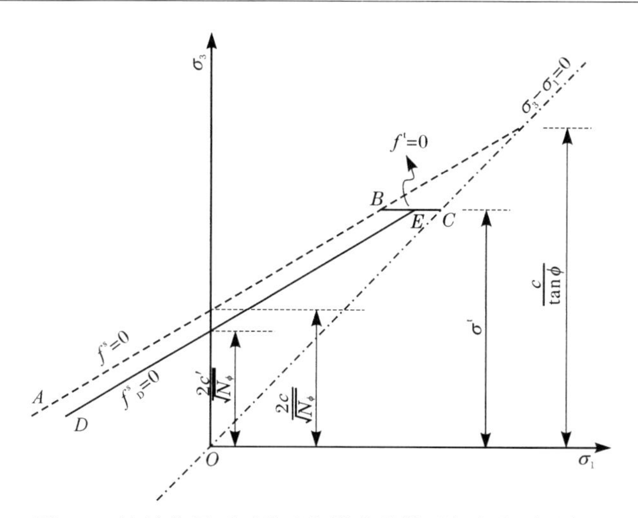

图4.1　溶蚀作用下可溶岩塑性力学模型复合准则示意图

$$f_D^s=\sigma_1-\sigma_3 N_\phi+2c'\sqrt{N_\phi} \tag{4.3}$$

式中：c'为溶解后可溶岩的黏聚力，$c'<c$。随着溶蚀作用时间的增加，c'值也发生变化。

有无溶蚀作用下可溶岩塑性力学模型的拉破坏准则 $f^t=0$ 基本一致（BC 段反映了无溶蚀作用下塑性力学模型的拉破坏准则；EC 段反映了溶蚀作用下塑性力学模型的拉破坏准则），其中 f^t 的表达式为

$$f^t=\sigma_3-\sigma^t \tag{4.4}$$

式中：σ^t 为抗拉强度。

从上述所建立的复合准则中可以看出，溶蚀作用下可溶岩塑性力学模型复合准则受黏聚力随溶解时间的变化关系所控制，故在获得溶蚀作用下黏聚力变化规律的条件下，即可对溶蚀作用下可溶岩塑性力学模型进行计算。

4.3　溶蚀作用下岩盐力学参数的求取

根据所建立的溶蚀作用下可溶岩塑性力学模型复合准则，以及第3章所获得的溶蚀作用下岩盐力学特性的变化规律，对溶蚀作用下岩盐力学参数进行求取。

4.3.1　溶蚀作用下岩盐黏聚力值的计算思路

溶蚀作用下岩盐黏聚力变化规律计算思路如下：

(1) 根据无溶蚀作用下岩盐塑性力学模型参数计算公式确定溶解前黏聚力和

内摩擦角等参数值。

(2) 根据单轴压缩条件下岩盐应力-溶解耦合效应细观力学试验条件和试验结果,确定溶解阶段岩盐应力状态的变化。

(3) 采用FLAC-遗传算法联合求解方法求解溶解阶段黏聚力值随溶解时间的变化规律。

(4) 确定溶解后再加载阶段模型的黏聚力值。

(5) 归纳出溶蚀作用下黏聚力值的变化规律。

4.3.2 溶蚀作用下岩盐应力状态确定

单轴压缩条件下岩盐应力-溶解耦合效应细观力学试验轴向应力-轴向应变曲线示意图如图4.2所示。在图4.2中,曲线$OABD$为单轴压缩条件下岩盐应力-溶解耦合效应细观力学试验轴向应力-轴向应变曲线,其中曲线OA、AB、BD分别对应加载阶段、溶解阶段以及溶解后再加载阶段;曲线AC为单轴压缩条件下岩盐全过程加载试验(无溶蚀作用)中与曲线BD相对应部分的轴向应力-轴向应变曲线。

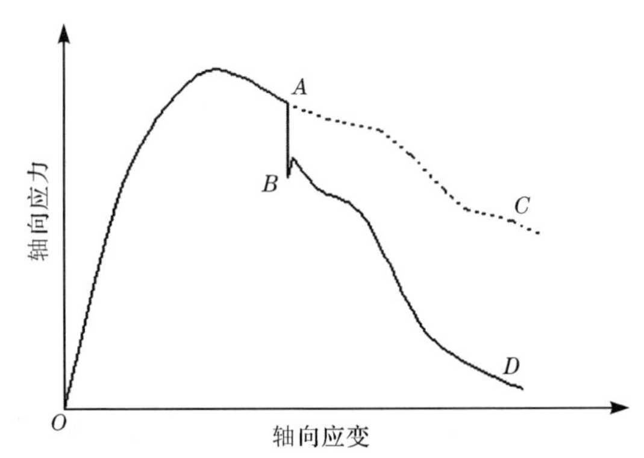

图4.2 单轴压缩条件下岩盐应力-溶解耦合效应细观力学试验结果示意图

依据单轴压缩条件下岩盐应力-溶解耦合效应细观力学试验结果,溶蚀作用下岩盐应力状态确定如下:

(1) 加载阶段(对应曲线OA),可采用无溶蚀作用下岩盐力学参数计算公式(即式(2.132)和式(2.133))进行计算。

(2) 溶解阶段(对应曲线AB),A点和B点的应力状态为:轴向应变不变,但溶解后轴向应力降低,即$\sigma_B<\sigma_A$;A点处对应的黏聚力值c_A可采用无溶蚀作用时黏聚力计算公式(即式(2.132))确定;但B点所对应的黏聚力由于溶蚀作用发生了变化,B点所对应的溶蚀后黏聚力c'_B值可通过溶解阶段应力状态的变化(即单轴压缩条件下岩盐应力-溶解耦合效应细观力学试验中,溶解阶段应力降比值与

轴向塑性应变和溶解时间之间的关系表达式(3.4))来求取。

(3) 溶解后再加载阶段(对应曲线 BC),根据溶蚀作用下岩盐塑性力学模型第 6 条假设,黏聚力值的变化趋势在溶解后再加载阶段与全过程加载试验(无溶蚀作用)中相对应部分可认为是一致的。

4.3.3 溶蚀作用下岩盐黏聚力值的变化规律

依据溶蚀作用下岩盐黏聚力变化规律计算思路与所确定的溶蚀作用下岩盐应力状态,分别对溶解阶段与溶解后再加载阶段岩盐黏聚力变化规律计算,得出溶蚀作用下岩盐黏聚力变化规律。

1. 溶解阶段黏聚力值的变化规律计算

B 点所对应的溶蚀后黏聚力 c'_B 值可采用 FLAC-遗传算法联合求解方法进行计算,其具体计算过程如下:

(1) 首先根据试验条件建立计算模型。

(2) 基于式(2.132)和式(2.133),采用 FLAC 计算软件对无溶蚀作用下岩盐塑性力学模型进行计算,求取出 A 点所对应的 σ_A,等效塑性应变 $\bar{\varepsilon}^{p0}$,轴向塑性应变 ε^{p0} 和 c_A。

(3) 将 ε^{p0} 和给定的溶解时间 t_0 代入式(3.1)和式(3.4)中,求取出 $H(\varepsilon^{p0},t_0)$ 和 σ_B。

(4) 采用遗传算法对溶蚀后黏聚力 c'_B 值进行搜索,随机生成 c'_B 值的计算种群。

(5) 采用 FLAC 计算软件对岩盐塑性力学模型进行计算,计算步骤为:首先将无溶蚀作用下岩盐塑性力学模型的计算参数赋给计算模型,当计算到溶解阶段时(即 A 点所对应的应力-应变状态),改变计算参数黏聚力值,将遗传算法所给定的 c'_B 值代入 FLAC 计算模型中,计算此时溶蚀后的应力值(即 B 点所对应的计算值 $\sigma'_B(\varepsilon^{p0},t_0)$)。

(6) 将 B 点所对应的计算值 $\sigma'_B(\varepsilon^{p0},t_0)$ 与试验值 σ_B 相比较,如 $\sigma_B=\sigma'_B$,即可获得不同等效塑性应变和溶解时间下 c'_B 值;如 $\sigma_B\neq\sigma'_B$,则继续对溶蚀后黏聚力 c'_B 值进行遗传演化,重新进行第(4)、(5)、(6)步计算。

通过 FLAC-遗传算法联合求解计算方法,得出 B 点所对应的溶蚀后黏聚力 c'_B 值的计算表达式为

$$\frac{c'_B}{c_A}=K(\bar{\varepsilon}^{p0},t)=\frac{1}{a_4}(1.01-0.06\,\bar{\varepsilon}^{p0})\left[0.52\exp\left(\frac{-t}{1.95}\right)+0.48\right] \tag{4.5}$$

式中:c_A 可根据式(2.132)计算出来,MPa;$\bar{\varepsilon}^{p0}$ 为溶解阶段所对应的等效塑性应变,%;$a_4=0.578$;K 为比例系数,它与溶解阶段的试验条件相关,是溶解阶段 $\bar{\varepsilon}^{p0}$ 和 t 的函数。

2. 溶解后再加载阶段黏聚力的确定

根据溶蚀作用下岩盐塑性力学模型第 6 条假设，黏聚力值的变化趋势在溶解后再加载阶段与全过程加载试验(无溶蚀作用)中相对应部分可认为是一致的，即可以认为

$$c'(\bar{\varepsilon}^{p},t)=K(\bar{\varepsilon}^{p0},t)c(\bar{\varepsilon}^{p}) \tag{4.6}$$

式中：$\bar{\varepsilon}^{p}$为溶解后再加载阶段的等效塑性应变，$\bar{\varepsilon}^{p}>\bar{\varepsilon}^{p0}$；$c'$为$\bar{\varepsilon}^{p}$和溶解时间的函数；$K(\bar{\varepsilon}^{p0},t)$的计算表达式见式(4.5)；$c(\bar{\varepsilon}^{p})$的计算表达式见式(2.132)。

3. 溶蚀作用下岩盐黏聚力的变化规律

通过上述分析，可得出溶蚀作用下岩盐塑性力学模型中黏聚力值的变化规律，如图 4.3 所示。在图 4.3 中，曲线 I、II、III 段分别代表加载阶段、溶解阶段以及溶解后再加载阶段所对应的黏聚力变化曲线段；虚线段代表与曲线 III 段相对应部分的无溶蚀作用下岩盐黏聚力变化曲线段。

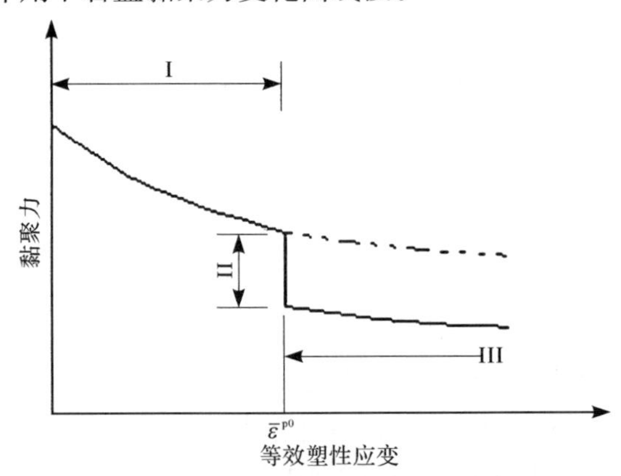

图 4.3　溶蚀作用下岩盐黏聚力值变化规律示意图

联合式(2.132)、式(4.5)和式(4.6)，溶蚀作用下岩盐黏聚力 c 值的计算公式为

$$\begin{cases} \text{I 段}: c(\bar{\varepsilon}^{p})=5.2-0.53\bar{\varepsilon}^{p}+0.018(\bar{\varepsilon}^{p})^{2}, & \bar{\varepsilon}^{p}<\bar{\varepsilon}^{p0} \\ \text{II、III 段}: c'(\bar{\varepsilon}^{p},t)=K(\bar{\varepsilon}^{p0},t)c(\bar{\varepsilon}^{p}), & \bar{\varepsilon}^{p}\geqslant\bar{\varepsilon}^{p0} \end{cases} \tag{4.7}$$

4. 模型的验证

通过单轴压缩条件下岩盐应力-溶解耦合效应的细观力学试验的模拟计算结果和试验结果的对比，对所建立的溶蚀作用下可溶岩塑性力学模型以及所获得的溶蚀作用下岩盐黏聚力变化规律(即式(4.7))的合理性进行了验证。

针对单轴压缩条件下岩盐应力-溶解耦合效应的细观力学试验的模拟计算过

程为：首先选定$\bar{\varepsilon}^{p0}$和t值，代入式(4.7)中，对溶解阶段A点和B点所对应的黏聚力值进行计算；然后根据试验条件建立计算模型；最后依据所建立的溶蚀作用下岩盐塑性力学模型以及所计算出来的溶解阶段黏聚力变化规律，采用FLAC计算软件进行模拟计算，计算出在给定$\bar{\varepsilon}^{p0}$和t值条件下的轴向应力-轴向应变计算曲线。

模拟计算结果如图4.4所示。从图4.4中可以看出：轴向应力-轴向应变计算曲线与试验曲线吻合较好，这表明所建立的溶蚀作用下可溶岩塑性力学模型以及所获得的溶蚀作用下岩盐黏聚力变化规律可较合理的描述溶蚀作用下岩盐塑性力学行为。

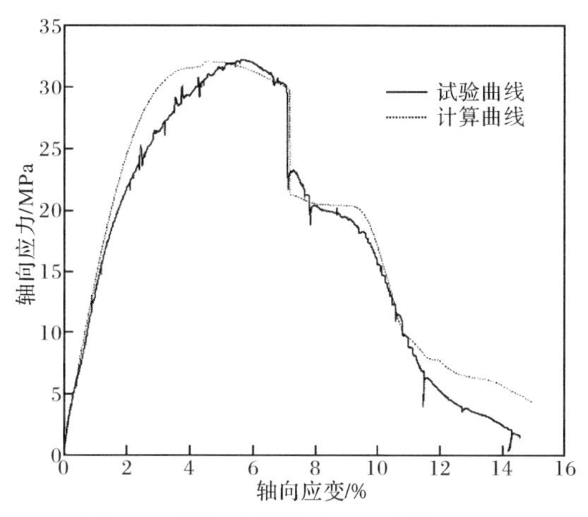

图4.4　模拟计算结果和试验结果对比

4.4　溶蚀作用下石膏岩力学参数的求取

根据所建立的溶蚀作用下可溶岩塑性力学模型复合准则，以及第3章所获得的溶蚀作用下石膏岩力学特性试验结果，采用FLAC计算软件以及遗传规划算法对溶蚀作用下石膏岩的力学参数进行求取。

4.4.1　遗传规划原理简介

1. 基本描述

遗传规划基本思想是[110]：随机产生一个初始群体，使之能适用于所给问题的环境，并且构成群体的个体都有一个适应度的值。

遗传规划算法需要明确以下五个元素[111]：①终结点集(terminals set)T；②函数集(functions set)F；③适应度(fitness)；④算法控制参数；⑤终止条件。

遗传规划解决问题的步骤和方法主要是[112]：①输入及控制参量的确定；②随机产生初始解；③迭代执行复制和交叉，直到满足终止条件为止；④达到终止条件后，在迭代结果中选出近似解或最终解。

遗传规划程序的流程如图 4.5 所示。

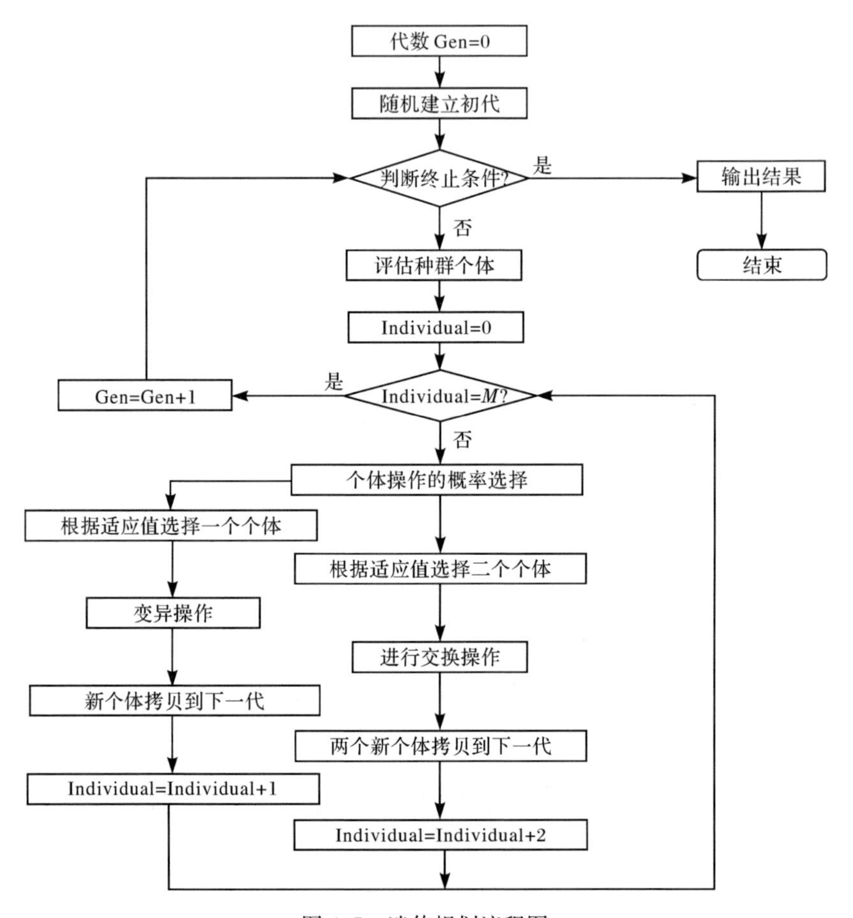

图 4.5　遗传规划流程图

2. 函数集和终结点集

遗传规划算法遇到的第一个问题就是：如何合理的用一系列函数对群体中的个体进行描述，并且这种函数又能不断地从 N_f 个函数的集合 $F=\{f_1,f_2,\cdots,f_{N_f}\}$ 和 N_{term} 个终结点的集合 $T=\{a_1,a_2,\cdots,a_{N_{\mathrm{term}}}\}$ 中递归组合而成。假设在函数集 F 中，每个特别设定的函数 f_1 都有 $z(f_1)(z=1,2,\cdots,N_f)$ 个自变量，对函数 f_1，$f_2,\cdots,f_{N_f}$ 来说，相对应的自变量个数分别为：$z(f_1),z(f_2),\cdots,z(f_{N_f})$。

3. 初始群体的生成

大量的初始个体组成了初始群体,初始个体表示为需要解决问题的每一种可能的符号表达式即是程序算法树,可以通过不一样的方式方法生成不同的初始个体:完全法、生长法和混合法[112]。函数集 F 中选出根节点,终止符集 T 中选取一根节点。随机个体(树)的生成过程示意图如图 4.6 所示,图 4.6(a)表示函数"+"作为根结点的算法树,图 4.6(b)表示并集 C 中选出来的是函数"×",那么得到的非根内节点就是函数"×",图 4.6(c)表示一旦从并集 C 中选出了终止符 A、B、C 分布,并作为树中各分支的尾节点,则整个算法树停止。

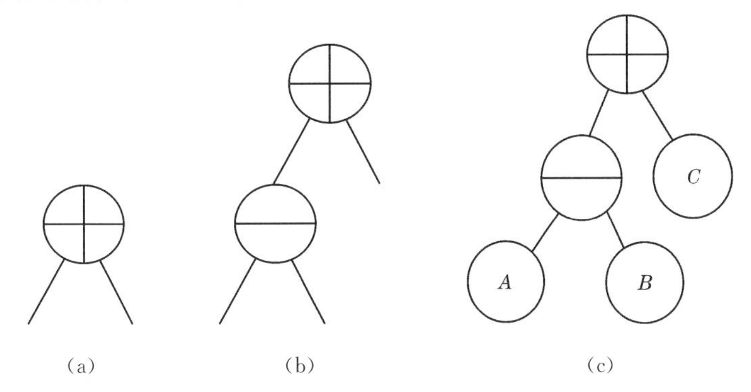

图 4.6 随机个体(树)的生成过程示意图

4. 适应性度量

适应度是指种群中个体的适应程度取决于个体接近真实解的优劣程度,要根据具体的问题而定。度量适应性的方法有以下两种:其中一种是显式方法,相反的另一种则是隐式方法。本节采用的方法为显式方法。遗传规划的适应度有以下四种形式:原始适应度(raw fitness)、标准适应度(standard fitness)、调整适应度(adjust fitness)和归一化适应度(normal fitness)。

5. 遗传算子

遗传算子主要有两个操作:复制和交换。复制操作根据适应度-比例原则,首先选择优良个体,然后完成自我复制。方法如下:贪婪选择法、适应度-比例选择法、级差选择法、竞争选择法等;交换操作也是根据适应度-比例原则,首先从当代群体中选择双亲个体,然后进行交配完成繁衍过程成为新一代。交换的方法有:子树交换、自身交换、模块交换。复制和交换不同的是,如果不同的结构和大小出现在交换中双亲个体中,则新产生的子代也会有不一样的结构和大小,从而群体具有了多样性。

6. 控制参数

遗传规划算法控制进化过程主要有两个参数：群体内个体数 M 和最大进化代数 G，当然还包括一些次要参数，比如交换概率、复制概率、突变概率等，参数值的选取一般根据求解问题的需要而定即具体情况具体分析。

7. 终止准则和结果确定

遗传规划并行计算运行过程会一直进化即计算，要使进化过程停止必须给出符合终止准则的条件。这个终止准则是事先预定好的，必须满足以下两个条件：第一个条件是满足最大容许进化代数 G 时；第二个条件就是满足事先设定的问题求解成功的条件时，进化过程马上停止。

4.4.2 溶蚀作用下石膏岩力学参数计算过程

根据所建立的溶蚀作用下可溶岩塑性力学模型复合准则，以及第 3 章所获得的溶蚀作用下石膏岩力学特性试验结果，采用 FLAC 计算软件以及遗传规划算法对溶蚀作用下石膏岩的力学参数进行求取，具体计算过程如下：

(1) 在初步确定的黏聚力与等效塑性应变变化趋势的曲线上选 i 个点，记为 $\{x_1, x_2, \cdots, x_i\}$，其中这 i 个数据点要满足的要求是能够反映这条曲线的特征，本文中 $i=10$，利用这些点连成的折线近似代替曲线；将这 i 个数据点作为遗传规划算法初始种群中的个体，通过复制、交叉、变异等对种群不断进行迭代优化，得出最佳解。

(2) 再将这些最佳解代入 $FLAC^{3D}$ 中，进行溶蚀作用下石膏岩单轴压缩试验的模拟，然后将模拟的曲线与试验曲线进行对比，如果两条曲线的趋势大体一致，吻合较好，则说明通过遗传算法得出的最佳解即黏聚力与等效塑性应变的关系是准确的；如果两曲线吻合不好，则将第一次得出的最佳解进行误差判别，再代入遗传规划算法进行自适应调整，直到得出的解代入 $FLAC^{3D}$ 中计算，能使模拟曲线和试验曲线吻合。

(3) 重复上述的计算过程即可将求出不同 K_ε 和同一时间下的黏聚力与等效塑性应变的关系以及不同时间和相同下 K_ε 的黏聚力与等效塑性应变的关系，再根据遗传规划算法得出不同溶蚀条件下石膏岩黏聚力和等效塑性应变与溶解时间之间的变化规律。

4.4.3 溶蚀作用下石膏岩力学参数变化规律

溶蚀作用下石膏岩力学参数计算结果如表 4.1 所示，表中 t 为溶解时间，单位为 h，其中 $t=0$ 时为无溶蚀作用下全程加载试验；K_ε 为第一次卸载时的应变，%；

$\bar{\varepsilon}^{p}$为第二次加载时的等效塑性应变，%；c 为第二次加载时的黏聚力，MPa。

表 4.1　溶蚀作用下石膏岩力学参数计算结果

t/h	标号	K_{ε}/%	$\bar{\varepsilon}^{p}$/%	c/MPa	$\bar{\varepsilon}^{p}$/%	c/MPa	$\bar{\varepsilon}^{p}$/%	c/MPa	$\bar{\varepsilon}^{p}$/%	c/MPa	$\bar{\varepsilon}^{p}$/%	c/MPa	$\bar{\varepsilon}^{p}$/%	c/MPa	$\bar{\varepsilon}^{p}$/%	c/MPa	$\bar{\varepsilon}^{p}$/%	c/MPa	$\bar{\varepsilon}^{p}$/%	c/MPa	$\bar{\varepsilon}^{p}$/%	c/MPa
0	A2	0	0.02	4.21	0.04	3.94	0.05	3.68	0.07	3.12	0.09	2.84	0.11	2.58	0.13	2.37	0.14	2.20	0.18	2.05	0.21	1.86
1	A9	0.1	0.02	4.01	0.04	3.75	0.05	3.50	0.07	2.97	0.09	2.70	0.11	2.46	0.13	2.27	0.14	2.10	0.18	1.95	0.21	1.77
	A24	0.125		3.49		3.26		3.05		2.58		2.35		2.14		1.96		1.82		1.70		1.54
	A13	0.15		3.04		2.84		2.65		2.25		2.04		1.86		1.71		1.58		1.47		1.34
	A27	0.175		2.64		2.47		2.30		1.95		1.78		1.62		1.48		1.38		1.28		1.17
	A17	0.2		2.29		2.15		2.00		1.70		1.55		1.41		1.29		1.20		1.12		1.01
	A20	0.235		2.00		1.86		1.74		1.48		1.34		1.22		1.12		1.04		0.97		0.88
	A31	0.25		1.73		1.62		1.51		1.28		1.17		1.06		0.98		0.91		0.85		0.77
	A36	0.275		1.51		1.41		1.32		1.12		1.02		0.93		0.85		0.79		0.73		0.67
	A45	0.29		1.31		1.23		1.15		0.97		0.88		0.80		0.74		0.68		0.64		0.58
	A40	0.3		1.14		1.07		1.00		0.85		0.77		0.70		0.64		0.60		0.55		0.50
2	A11	0.1	0.02	3.85	0.04	3.62	0.05	3.26	0.07	2.86	0.09	2.47	0.11	2.35	0.13	2.16	0.14	2.00	0.18	1.89	0.21	1.65
	A25	0.125		3.35		3.15		2.84		2.49		2.15		2.05		1.88		1.74		1.65		1.44
	A14	0.15		2.92		2.74		2.47		2.16		1.86		1.78		1.64		1.51		1.43		1.25
	A28	0.175		2.54		2.38		2.15		1.88		1.62		1.55		1.42		1.31		1.24		1.09
	A18	0.2		2.20		2.07		1.87		1.64		1.41		1.35		1.24		1.14		1.08		0.95
	A21	0.235		1.92		1.80		1.62		1.42		1.23		1.17		1.07		0.99		0.94		0.82
	A32	0.25		1.67		1.57		1.41		1.24		1.07		1.02		0.94		0.86		0.82		0.72
	A37	0.275		1.45		1.36		1.23		1.08		0.93		0.88		0.81		0.75		0.71		0.62
	A46	0.29		1.26		1.18		1.07		0.94		0.81		0.77		0.71		0.65		0.62		0.54
	A41	0.3		1.10		1.03		0.93		0.81		0.70		0.67		0.61		0.57		0.54		0.47
3	A12	0.1	0.02	3.67	0.04	3.46	0.05	3.11	0.07	2.73	0.09	2.38	0.11	2.19	0.13	2.06	0.14	1.91	0.18	1.83	0.21	1.57
	A26	0.125		3.19		3.01		2.70		2.37		2.07		1.91		1.79		1.66		1.59		1.37
	A15	0.15		2.78		2.62		2.35		2.06		1.80		1.66		1.55		1.45		1.38		1.19
	A30	0.175		2.41		2.27		2.05		1.79		1.56		1.44		1.35		1.25		1.20		1.04
	A19	0.2		2.10		1.98		1.78		1.56		1.36		1.25		1.18		1.09		1.05		0.90
	A23	0.235		1.83		1.72		1.55		1.36		1.18		1.09		1.02		0.95		0.91		0.78
	A35	0.25		1.59		1.49		1.35		1.18		1.03		0.95		0.89		0.83		0.79		0.68
	A38	0.275		1.38		1.30		1.17		1.03		0.89		0.83		0.77		0.72		0.69		0.59
	A47	0.29		1.20		1.13		1.02		0.89		0.78		0.72		0.67		0.63		0.60		0.52
	A42	0.3		1.04		0.98		0.88		0.77		0.68		0.62		0.58		0.54		0.52		0.45

根据表 4.1 中数据，利用遗传规划算法对 K_{ε}、溶蚀时间、黏聚力和等效塑性应变进行搜索，采用数学函数组成函数集 F，终结点集 T 中包括第一次加载停止时的应变 K_{ε}、溶蚀时间 t、等效塑性应变 $\bar{\varepsilon}^{p}$ 三个变量。通过计算，得到的黏聚力 c 与 K_{ε}、溶蚀时间 t、等效塑性应变 $\bar{\varepsilon}^{p}$ 的关系表达式为

$$c(K_\varepsilon, t, \bar{\varepsilon}^p) = \frac{1}{a_5}\left(1+\frac{1}{20}t\right)[7.98-6.98\exp(-1.8K_\varepsilon)][11.319\exp(-7.54\bar{\varepsilon}^p)+3.234] \tag{4.8}$$

式中：$a_5=3.75$。

1. 不同应变 K_ε 和相同溶蚀时间下的黏聚力与等效塑性应变的关系

溶蚀时间 $t=2$h 时，不同应变 K_ε 下黏聚力 c 与等效塑性应变 $\bar{\varepsilon}^p$ 的关系如图 4.7所示，图中曲线为数据拟合曲线。通过计算分析，得出溶蚀时间 $t=2$h 时，黏聚力 c 与不同应变 K_ε 和等效塑性应变 $\bar{\varepsilon}^p$ 的关系表达式为

$$c(K_\varepsilon, \bar{\varepsilon}^p) = \frac{1}{a_6}[7.98-6.98\exp(-1.8K_\varepsilon)][11.319\exp(-7.54\bar{\varepsilon}^p)+3.234] \tag{4.9}$$

式中：$a_6=3.57$；$0\leqslant\bar{\varepsilon}^p\leqslant 0.21\%$。

式(4.9)的决定系数 $R^2=0.9682$，说明曲线拟合较好。

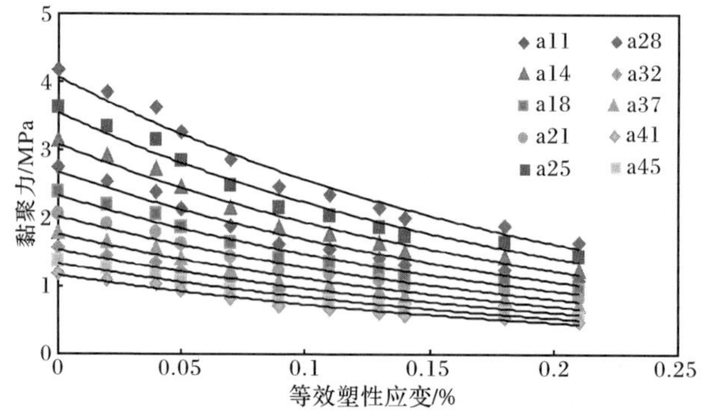

图 4.7　溶蚀时间 $t=2$h 时不同应变 K_ε 下黏聚力与等效塑性应变 $\bar{\varepsilon}^p$ 的关系图

2. 相同应变 K_ε 和不同溶蚀时间下的黏聚力与等效塑性应变的关系

应变 $K_\varepsilon=0.235\%$时，不同溶蚀时间 t 下黏聚力 c 与等效塑性应变 $\bar{\varepsilon}^p$ 的关系如图 4.8 所示，图中曲线为数据拟合曲线。通过计算分析，得出应变 $K_\varepsilon=0.235\%$时，不同溶蚀时间 t 下黏聚力 c 与等效塑性应变 $\bar{\varepsilon}^p$ 的关系表达式为

$$c(t, \bar{\varepsilon}^p) = \frac{1}{a_7}\left(1-\frac{1}{20}t\right)[11.319\exp(-7.54\bar{\varepsilon}^p)+3.234] \tag{4.10}$$

式中：$a_7=3.26$；$0\leqslant\bar{\varepsilon}^p\leqslant 0.21\%$。

式(4.10)的决定系数 $R^2=0.972$，说明曲线拟合较好。

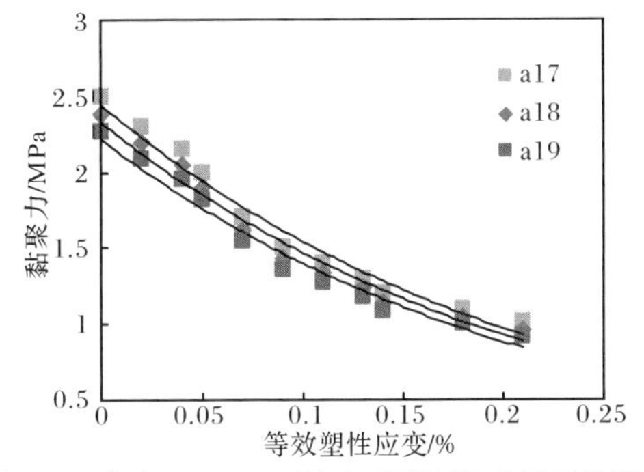

图 4.8　应变 $\varepsilon=0.235\%$时不同溶蚀时间下黏聚力与等效塑性应变 $\bar{\varepsilon}^{p}$ 的关系图

4.5 本章小结

本章基于有无溶蚀作用下可溶岩力学特性的变化，对溶蚀作用下可溶岩塑性力学模型进行研究。基于所揭示的可溶岩力学破坏机理，从细观和宏观的角度，对溶蚀作用下可溶岩力学性质发生改变机理进行分析，分析结果表明，溶蚀作用下可溶岩力学性质发生改变机理在于溶蚀作用使得可溶岩宏观力学参数发生了变化，但可溶岩力学破坏机理并没有本质上的改变；基于溶蚀作用下可溶岩力学性质发生改变机理以及无溶蚀作用下可溶岩塑性力学模型，建立了溶蚀作用下可溶岩塑性力学模型；并依据所获得的溶蚀作用下可溶岩（岩盐、石膏岩）力学特性的变化规律，分别对溶蚀作用下岩盐、石膏岩的力学参数进行了求取。

第 5 章　应力作用下可溶岩溶蚀模型研究

对于可溶岩溶蚀速率来说，应力作用的影响不可忽略。基于可溶岩溶蚀机理，以及有无应力作用下可溶岩溶蚀特性的变化，本章对应力作用下可溶岩溶蚀模型进行研究。

5.1　可溶岩溶蚀机理

从化学溶解动力学的观点来看，可溶岩的溶解和可溶性盐一样是一种典型的物理-化学过程：溶解是发生在相界面上的非均质反应，其包括三个基本过程：溶剂进入被溶物质表面、溶剂溶质的相互作用和溶解后的物质扩散到溶剂中的。从物理化学的观点来看，溶解在溶液中发生两种过程：一是溶质晶格的破坏，溶质粒子和晶体分离向溶液中扩散，吸收热量的物理过程；二是溶质分子和水分子结合形成水和物同时放出热量的化学过程。因此，可溶岩的溶蚀过程是一个复杂的物理化学过程。

可溶岩溶蚀的动力来自溶液中溶质的浓度。一般情况下，在溶液中同时发生溶解和结晶两种过程，当溶液中溶质的浓度很小时，由于溶质分子本身的运动和溶剂分子对它的吸引，离开固体表面，通过扩散作用分散到溶液中；同时还有一部分溶质运动到溶质固体的表面，重新结晶。溶液中溶质的浓度较小时，溶解速度大于结晶速度，溶质固体表现为溶解，当溶质的浓度慢慢增大到一定程度时，结晶速度和溶解速度相当，此时表现为溶质的不溶解，即达到了溶液的动态平衡状态，此时的溶液为饱和溶液。如果要继续溶解，就得通过扩散或其他方式移走饱和的溶液。

5.1.1　溶液中的扩散现象

可溶岩溶蚀的过程在很大程度上是可溶岩分子（溶质）在溶液（溶剂）中的扩散过程。扩散作用是由于浓度梯度变化所引起的，分子依靠本身的热运动，从高浓度带扩散到低浓度带，最后趋于平衡状态，扩散作用即使在整个流体并无宏观流动的情况下也会发生。

扩散作用可用 Fick 第一扩散定律来描述：单位时间内通过单位面积参考面的质量流与法向浓度梯度成正比，其比例系数称为溶质在溶剂中的扩散系数，一般情况下，扩散系数是与溶剂和温度有关的。Fick 第一扩散定律表达式为

$$J=D\frac{\partial C}{\partial \boldsymbol{n}} \tag{5.1}$$

式中：J 为扩散通量，即物质通过垂直于法线方向单位面积的质量流，mol/(cm^2·s)；C 为溶质的浓度，即单位体积溶液中所含溶质的数量，mol/cm^3；D 为扩散系数，cm^2/s；$\boldsymbol{n}$ 为法线方向矢量。

5.1.2　溶液中的对流现象

在可溶岩溶蚀过程中，不仅存在着扩散现象，而且还存在着对流作用。对流作用又可以分为强迫对流与自然对流两种，下面分别进行描述。

1. 存在强迫对流时流体输运特征

强迫对流占主导地位时，由于流体的宏观流动，流体输运过程中表现出对流扩散特征，使得溶质分子在流体中不断分散，对流作用的结果是不同浓度的盐水混合，使得盐水浓度趋于均匀分布。

这一过程可用一组非稳态对流扩散方程来描述，写成张量形式为

$$\frac{\partial C}{\partial t}+(\boldsymbol{u}\cdot\nabla)C=\nabla\cdot(D\,\nabla C) \tag{5.2}$$

式中：$\boldsymbol{u}$ 为速度矢量。

在可溶岩溶蚀过程中，流体速度场与浓度场是相互影响、相互制约的，一方面，物质输运过程中对流作用的结果，引起浓度场发生变化；另一方面，浓度场的变化反过来又影响输运过程中流体的速度场。

2. 沉降扩散平衡

自然对流占主导地位时，由于重力作用，可溶岩水溶液密度分布将会出现分层现象，水溶液密度随着深度变大而增加，上层盐水浓度低，密度小，下层盐水浓度高，密度大；对于不同深度的溶液，不存在明显的分层界面，密度连续变化，并且呈平衡分布特征。

这种密度连续变化的平衡分布现象在自然界中广泛存在，如大气密度随海拔高度的变化和海水含盐量随深度的变化，都是由于流体密度变化引起自然对流作用的结果。

流体温度或者浓度的不均匀分布都可以导致流体密度的变化。对于可溶岩溶蚀过程来说，可溶岩水溶液浓度的变化主要是由于溶质浓度分布的不均匀所造成的，因此有必要对浓度分布规律进行深入研究。

富永政英[113]指出，对于含盐量随深度变化的海水，其密度所具有的平衡分布关系为

$$\frac{1}{\rho}\frac{d\rho}{dz}=-a \tag{5.3}$$

对式(5.3)积分，可得 Holmboe 密度模式为

$$\rho=\rho_0 e^{-az} \tag{5.4}$$

式中：系数 a 与溶液中溶质和溶剂的性质有关；ρ_0 由边界条件给定。

式(5.4)表明，如果取垂直向上为 z 方向，海水的密度随着深度（$-z$ 方向）的变化而按照指数规律增大。

5.1.3　溶蚀边界层

可溶岩溶蚀过程中，可溶岩的内壁表面上存在着溶蚀边界层，溶剂和可溶岩的质量交换即可溶岩的溶解过程是通过边界层完成的。

林元雄指出[114]，盐溶边界层浓度分布剖面可视为抛物线的形状。假设可溶岩壁面浓度为 C_0，边界层以外溶液平均浓度为 C_1，边界层内溶液浓度为 C，边界层厚度为 δ，则溶蚀边界层浓度分布表示为

$$C-C_1=(C_0-C_1)\left(1-\frac{x}{\delta}\right)^2 \tag{5.5}$$

式中：x 为距可溶岩壁面的距离。

溶蚀边界层内可溶岩水溶液浓度分布特征如图 5.1 所示，图中横坐标表示可溶岩壁面法线方向的距离，纵坐标表示浓度。

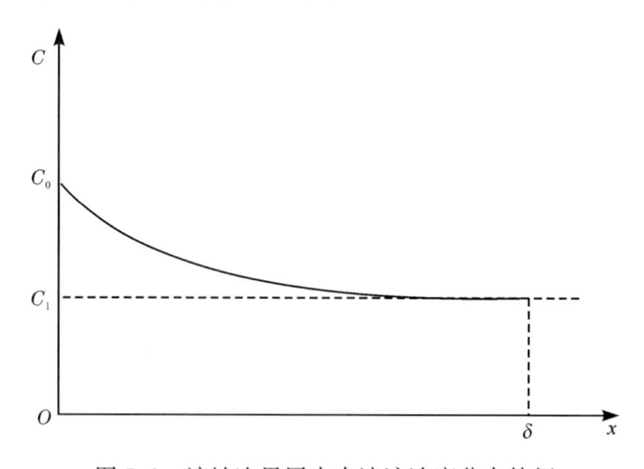

图 5.1　溶蚀边界层内水溶液浓度分布特征

边界层厚度的确定可以参考热对流中热边界层的定义，即当某处浓度与可溶岩壁面的浓度的差值达到溶液平均浓度与可溶岩壁面浓度的差值的 99%时，可以认为该处为边界层的外缘。

5.1.4　可溶岩溶蚀物理模型

可溶岩溶蚀的过程是发生在边界层内物质交换的过程，其基本形式为分子扩散，在扩散作用下，从可溶岩壁面上溶解下来的可溶岩分子通过边界层进入溶液中。溶蚀过程中边界层内的物质交换通过分子扩散完成，根据Fick第一扩散定律，分子扩散的速率与边界层浓度梯度有关。因此，可溶岩壁面形态变化直接受可溶岩溶蚀过程控制，所以可以根据溶蚀过程即溶蚀边界层内的物质交换过程来建立可溶岩溶蚀模型。

为了研究问题的方便，从工程应用的角度出发，并考虑溶蚀边界层的特征，以及Fick第一扩散定律，可以建立如下可溶岩溶蚀物理模型。

设可溶岩壁面的边界为R，则R是一个与时间t有关的函数，即$R=R(t)$。在可溶岩溶蚀过程中，随着可溶岩壁面的不断溶蚀，壁面的边界也在不断变化，在工程上称之为动边界问题，意即随着溶蚀过程的进行，边界不断向外扩展。

根据以上分析，可以得知可溶岩溶蚀发生在边界层内，假设边界层内侧紧贴可溶岩固体表面上有一层极薄的底层，底层内可溶岩溶液浓度始终保持恒定不变，其值可以视为饱和浓度；底层以外称为扩散区，如图5.2所示。从可溶岩固体表面上溶解出来的可溶岩分子经过边界层的底层进入扩散区，而底层内的物质总量始终在溶解与扩散之间维持着动态平衡，其过程示意图如图5.3所示。

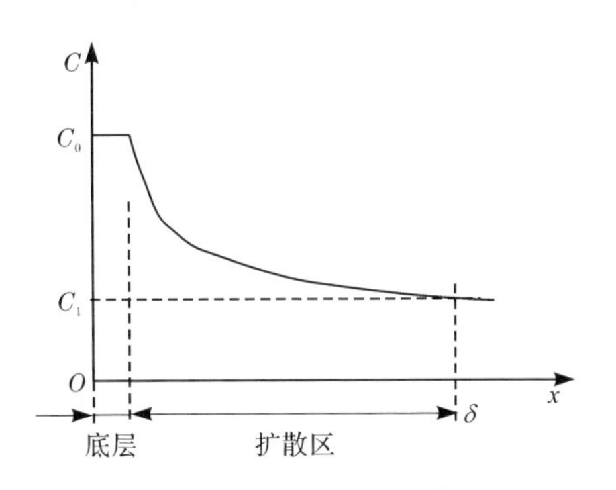

图5.2　溶蚀边界层示意图

溶蚀过程分为以下三步：

(1) 溶蚀边界层中，边界层底层内的可溶岩分子经分子扩散作用进入边界层扩散区，底层内溶液浓度降低，低于饱和浓度。

(2) 固体表面可溶岩溶解，溶解出来的可溶岩分子进入边界层底层，补充底层内物质损失，使底层内溶液浓度重新达到饱和。

(3) 由于可溶岩溶解，可溶岩壁面(连同所附着的边界层一起)向后退一段微小距离。底层在固体表面与扩散区之间维持动态平衡。

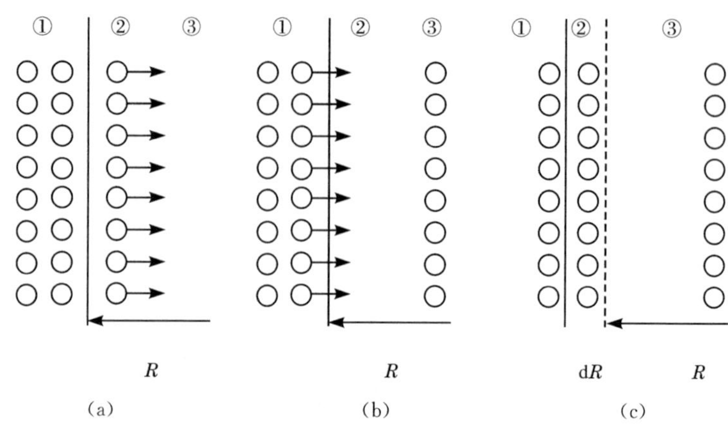

图 5.3　可溶岩溶解过程示意图

①可溶岩固壁；②边界层；③扩散区

5.2　无应力作用下可溶岩溶蚀模型

根据可溶岩溶蚀机理的研究，可以建立无应力作用下的可溶岩溶蚀模型，用以描述可溶岩溶蚀过程中的流体输运规律、可溶岩边界溶蚀速率以及溶蚀边界形态发展规律。在流体输运模型中，考虑非定常密度的 Navier-Stokes 流动，建立速度场和浓度场的相互作用关系；在计算可溶岩边界溶蚀速率以及溶蚀边界形态发展规律时，根据流体输运过程中的浓度场的变化来计算可溶岩边界溶蚀速率，进而求得溶蚀边界形态。

5.2.1　模型的基本假设

考虑到计算的需要，可对问题进行必要的简化。本模型的基本假设条件如下：

(1) 假设可溶岩是一种各向同性的均质材料，忽略可溶岩结晶方向、层理等微结构的各向异性对溶蚀过程的影响。

(2) 忽略可溶岩溶解过程中的化学反应内部的过程和热力学过程。

(3) 可溶岩中不溶物杂质对流体输运的影响可以忽略不计。

(4) 流体是不可压缩的。

(5) 流体输运过程中仅受到流体自身重力场的作用，不考虑其他外力对流体输运所产生的影响。

(6) 不考虑温度对可溶岩溶解过程的影响。

(7) 由于可溶岩中不溶物杂质的含量很少，故可以假设可溶岩可全部溶解。

(8) 假定扩散系数在空间上各向同性。

5.2.2 无应力作用下可溶岩溶蚀模型的建立

1. 流体输运方程

根据不可压缩流体动力学的基本理论,可以对可溶岩溶蚀过程中整个流体体系建立起质量和浓度的输运方程。

1) 连续性方程

对于可溶岩溶蚀过程,由于可溶岩水溶液的流动以及溶质的不断扩散,整个流体体系的浓度是不断变化的。应用欧拉法考察流体穿过一微小六面体积时的质量守恒,即单位面积流出与流入六面体积的质量差应等于六面体积内质量随时间的减少,就能导出连续性方程。

直角坐标下的微分形式的连续性方程为

$$\frac{\partial\rho}{\partial t}+\frac{\partial(\rho u_x)}{\partial x}+\frac{\partial(\rho u_y)}{\partial y}+\frac{\partial(\rho u_z)}{\partial z}=0 \tag{5.6}$$

或表示为矢量式

$$\frac{\partial\rho}{\partial t}+\nabla\cdot(\rho\boldsymbol{u})=0 \tag{5.7}$$

式中:$\boldsymbol{u}$ 为速度矢量;ρ 为溶液密度。

对于不可压缩流体,连续性方程可简化为

$$\frac{\partial u_x}{\partial x}+\frac{\partial u_y}{\partial y}+\frac{\partial u_z}{\partial z}=0 \tag{5.8}$$

或

$$\nabla\cdot\boldsymbol{u}=0 \tag{5.9}$$

2) 运动方程

运动方程(即 Navier-Stokes 方程,简称为 N-S 方程)直角坐标下的微分形式为

$$\begin{cases}\dfrac{\partial u_x}{\partial t}+u_x\dfrac{\partial u_x}{\partial x}+u_y\dfrac{\partial u_x}{\partial y}+u_z\dfrac{\partial u_x}{\partial z}=X-\dfrac{1}{\rho}\dfrac{\partial p}{\partial x}+v\left(\dfrac{\partial^2 u_x}{\partial x^2}+\dfrac{\partial^2 u_x}{\partial y^2}+\dfrac{\partial^2 u_x}{\partial z^2}\right)\\ \dfrac{\partial u_y}{\partial t}+u_x\dfrac{\partial u_y}{\partial x}+u_y\dfrac{\partial u_y}{\partial y}+u_z\dfrac{\partial u_y}{\partial z}=Y-\dfrac{1}{\rho}\dfrac{\partial p}{\partial y}+v\left(\dfrac{\partial^2 u_y}{\partial x^2}+\dfrac{\partial^2 u_y}{\partial y^2}+\dfrac{\partial^2 u_y}{\partial z^2}\right)\\ \dfrac{\partial u_z}{\partial t}+u_x\dfrac{\partial u_z}{\partial x}+u_y\dfrac{\partial u_z}{\partial y}+u_z\dfrac{\partial u_z}{\partial z}=Z-\dfrac{1}{\rho}\dfrac{\partial p}{\partial z}+v\left(\dfrac{\partial^2 u_z}{\partial x^2}+\dfrac{\partial^2 u_z}{\partial y^2}+\dfrac{\partial^2 u_z}{\partial z^2}\right)\end{cases} \tag{5.10}$$

或写成矢量形式

$$\frac{\partial\boldsymbol{u}}{\partial t}+(\boldsymbol{u}\cdot\nabla)\boldsymbol{u}=\boldsymbol{f}-\frac{1}{\rho}\nabla p+v\nabla^2\boldsymbol{u} \tag{5.11}$$

式中：v 为运动黏度；$\nabla p=\boldsymbol{i}\frac{\partial p}{\partial x}+\boldsymbol{j}\frac{\partial p}{\partial y}+\boldsymbol{k}\frac{\partial p}{\partial z}$为压强梯度；$\nabla^2=\frac{\partial^2}{\partial x^2}+\frac{\partial^2}{\partial y^2}+\frac{\partial^2}{\partial z^2}$为拉普拉斯算符；$\boldsymbol{f}=X\boldsymbol{i}+Y\boldsymbol{j}+Z\boldsymbol{k}$ 为单位质量力矢量。

式(5.10)或式(5.11)中各项均对单位质量流体而言，从受力角度，左端代表(负的)惯性力，右端依次代表质量力、压力和黏性力。当质量力有势，即质量力可表示为某一标量函数的梯度，则有

$$f=-\nabla\Pi \tag{5.12}$$

式中：Π 为力势函数。对于重力场，则有

$$\Pi=gh \tag{5.13}$$

式中：h 为铅垂坐标(向上为正)。

对于重力场，式(5.11)变为

$$\frac{\partial \boldsymbol{u}}{\partial t}+(\boldsymbol{u}\cdot\nabla)\boldsymbol{u}=-g\,\nabla h-\frac{1}{\rho}\nabla p+v\,\nabla^2\boldsymbol{u} \tag{5.14}$$

3) 对流-扩散方程

由于流动区域中流体的物理特性通常是分布不均的，也是随时间不断变化的，因此实际的运动流体一般处于非平衡状态。非平衡体系处于不均匀状态，各部分状态函数如压强、密度、速度等一般互不相同，发生相互作用，这种相互作用就会带来一些宏观效果，即某些物理量的输运效应，非平衡体系中各部分之间的相互作用，总是使得体系不断趋向平衡。考虑到物质输运效应，溶质在溶剂的流动体系中的输运过程可采用对流—扩散方程来描述。

直角坐标下的微分形式的对流—扩散方程为

$$\frac{\partial C}{\partial t}+\left(u_x\frac{\partial C}{\partial x}+u_y\frac{\partial C}{\partial y}+u_z\frac{\partial C}{\partial z}\right)=D\left(\frac{\partial^2 C}{\partial x^2}+\frac{\partial^2 C}{\partial y^2}+\frac{\partial^2 C}{\partial z^2}\right) \tag{5.15}$$

或写成矢量形式

$$\frac{\partial C}{\partial t}+(\boldsymbol{u}\cdot\nabla)C=D\,\nabla^2 C \tag{5.16}$$

式中：C 为摩尔浓度。

式(5.15)或式(5.16)实际上是浓度场的控制方程。

2. 可溶岩溶蚀过程边界形态方程

以可溶岩边界法线方向作一个剖面，并建立坐标系，如图 5.4 所示。

对于单位厚度的微元体 $\mathrm{d}x$，根据物质平衡原理可以得到

$$J\,\mathrm{d}x\mathrm{d}t=\mathrm{d}x\mathrm{d}R\,\frac{\rho_s}{M} \tag{5.17}$$

式中：$J\,\mathrm{d}x\mathrm{d}t$ 表示在时间 $\mathrm{d}t$ 内，可溶岩试件表面从断面 $1\times\mathrm{d}x$ 溶入溶液中的可溶

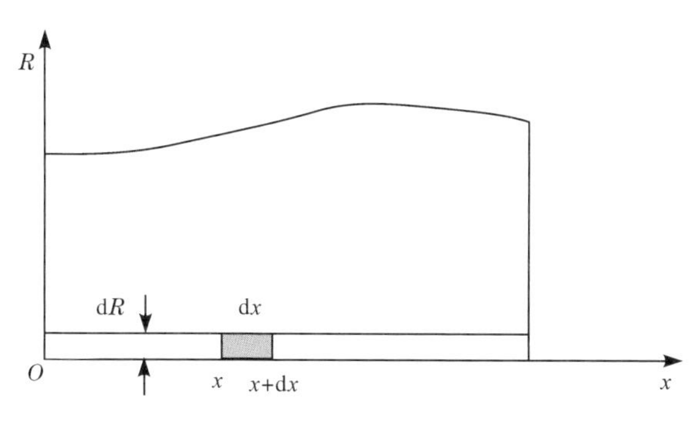

图 5.4　可溶岩边界溶蚀示意图

岩的摩尔数；$\mathrm{d}R\mathrm{d}x\dfrac{\rho_s}{M}$表示在时间 $\mathrm{d}t$ 内，在距离 $\mathrm{d}x$ 之内，所溶解的可溶岩摩尔数（其体积为 $\mathrm{d}R\mathrm{d}x$）；ρ_s 为可溶岩的密度；M 为可溶岩的摩尔质量；R 为可溶岩边界的溶解厚度。

联立式(5.1)和式(5.17)，可以建立可溶岩边界面的溶解速度方程，即

$$\frac{\mathrm{d}R}{\mathrm{d}t}=-D\frac{M}{\rho_s}\frac{\partial C}{\partial \boldsymbol{n}}\bigg|_{\Gamma_1} \tag{5.18}$$

式中：Γ_1 为可溶岩的边界面。

3. 辅助方程

理论和试验证明，溶液浓度分布除与流体的物性有关外，还取决于流体的速度分布。一般地，流速应为时间和空间的连续函数，如果由于浓度分布引起流体物性的变化，那么浓度分布同时也将对速度分布产生影响。

对于物性恒定的流体，速度分布将不依赖于浓度分布，否则，如果由于浓度分布引起流体物性的变化，那么浓度分布同时也将对速度分布产生影响。

在描述流体输运的方程中，由于密度 ρ 与浓度 C 不是独立的变量，因此还应该建立溶液密度 ρ 与浓度 C 之间的函数关系为

$$\rho=\rho_w+CM\left(1-\frac{\rho_w}{\rho_s}\right) \tag{5.19}$$

式中：ρ_w 为淡水密度。

4. 方程定解条件

以上方程组只有加上适当的初始条件和边界条件，才能构成未知函数的定解问题。

1）初始条件

在开始溶蚀之前，与可溶岩边界相接触的水溶液为静止的。因此本模型的初始条件为

$$u|_{t=0}=0 \tag{5.20}$$

$$C|_{t=0}=C_0 \tag{5.21}$$

式中：C_0 为初始状态时水溶液的摩尔浓度，$0\leqslant C_0\leqslant C_s$，$C_s$ 为可溶岩水溶液的饱和摩尔浓度。

2）边界条件

根据所建立的可溶岩溶蚀模型，在可溶岩边界面处的溶蚀表面浓度可以取为常数即可溶岩水溶液的饱和摩尔浓度，即

$$C|_{\Gamma_1}=C_s \tag{5.22}$$

综上所述，根据连续性方程、动量方程、对流扩散方程、可溶岩边界面的溶解速度方程以及辅助方程和定解条件，可以得出无应力作用下的可溶岩溶蚀模型的定解偏微分方程组，从而进行求解。无应力作用下的可溶岩溶蚀模型的定解偏微分方程组为

$$\begin{cases}\nabla\cdot\boldsymbol{u}=0\\ \dfrac{\partial\boldsymbol{u}}{\partial t}+(\boldsymbol{u}\cdot\nabla)\boldsymbol{u}=\boldsymbol{f}-\dfrac{1}{\rho}\nabla p+\upsilon\,\nabla^2\boldsymbol{u}\\ \dfrac{\partial C}{\partial t}+(\boldsymbol{u}\cdot\nabla)C=\nabla\cdot(D\,\nabla C)\\ \rho=\rho_w+CM\left(1-\dfrac{\rho_w}{\rho_s}\right)\\ \dfrac{\mathrm{d}R}{\mathrm{d}t}=-D\dfrac{M}{\rho_s}\dfrac{\partial C}{\partial\boldsymbol{n}}\Big|_{\Gamma_1}\\ u|_{t=0}=0,\quad C|_{t=0}=C_0\\ C|_{\Gamma_1}=C_s\end{cases} \tag{5.23}$$

5.3　应力作用下可溶岩溶蚀作用的变化

有无应力作用下的可溶岩溶蚀机理是一致的，但有无应力作用下可溶岩溶蚀特性存在着差异。为了更加直观和清晰的说明有无应力作用下可溶岩溶蚀作用的差异，本节将以岩盐为研究对象，通过一系列试验来研究岩盐裂隙的开度和深度在溶蚀作用下所发生的变化，从而进一步分析有无应力作用下可溶岩溶蚀作用发生变化的机理。

5.3.1　岩盐表面裂纹溶解试验现象

对一块岩盐试样进行单轴压缩试验后，其表面产生了裂纹，如图 5.5(a)所示，对其进行溶解，其表面裂纹溶解之后的形态如图 5.5(b)所示。从图 5.5 中可以看出：岩盐表面裂纹的形态在溶解前后发生了明显的改变，溶解后裂纹的开度和深度都变大了，这就说明随着溶解过程的进行，裂纹的表面积变大，其与水溶液相接触的溶蚀作用面变大。

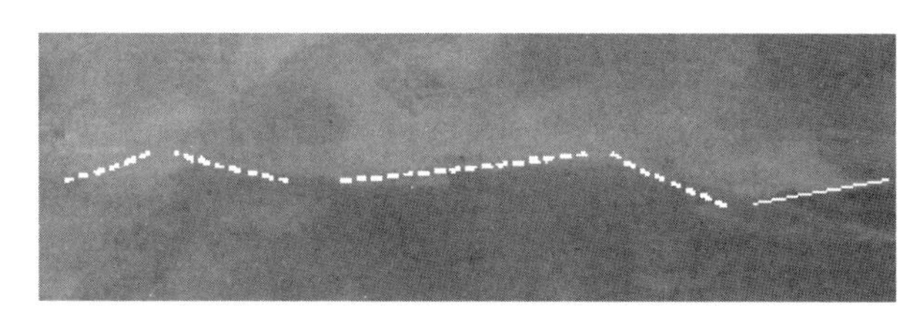

(a) 溶解前表面裂纹图
图中白色虚线表示裂纹的走向

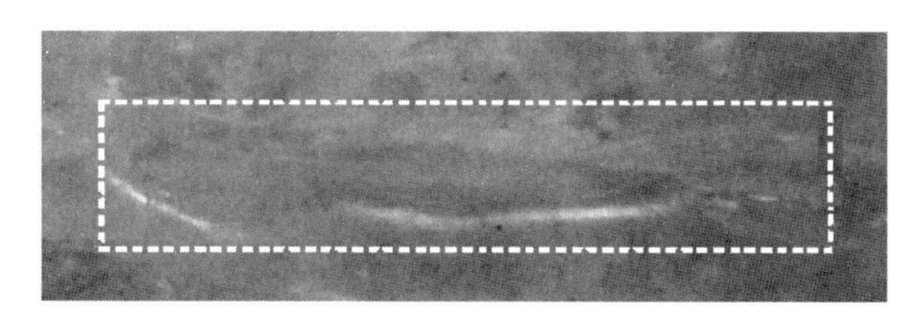

(b) 溶解后表面裂纹形状变化图
图中白色虚线框表示裂纹溶解后的区域

图 5.5　溶解前后表面裂纹变化图

5.3.2　岩盐单裂隙渗流-溶解耦合模型及试验研究

通过岩盐单裂隙渗流-溶解耦合模型及试验对渗流-溶解耦合作用下岩盐单裂隙的变化进行研究分析，为应力作用下岩盐溶蚀特性的变化提供解释依据。

1. 岩盐单裂隙渗流-溶解耦合模型

为了分析的方便，本文考虑理想条件下的岩盐裂隙，如图 5.6 所示，并作如下简化和假设：①岩盐均质，溶解特性为各向同性，且无夹层；②裂隙中的渗流为层流；③不溶物残渣随渗流过程流动，不沉降在裂隙中；④不溶物杂质对扩散的影响可以忽略不计；⑤忽略温差对溶解的影响，且不考虑溶解过程中产生的温度变化。

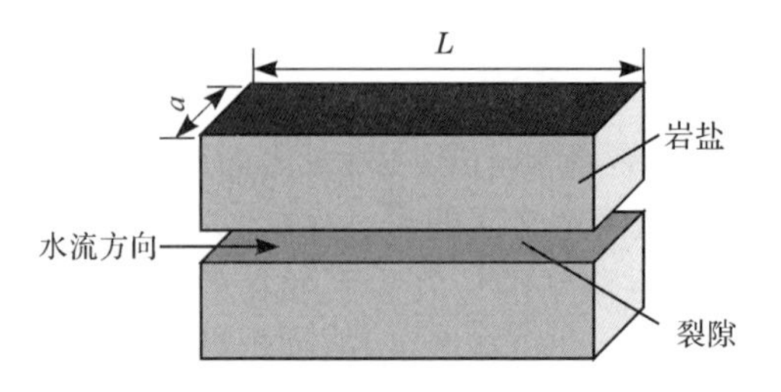

图 5.6　简化的理想岩盐裂隙

在图 5.6 中沿水流方向取一截面，并建立坐标系，如图 5.7 所示。由于边界层极薄，这里忽略其厚度；且在隙宽很小的岩盐裂隙内，可以认为扩散过程瞬间完成，则岩盐边界面的溶解速度方程式(5.18)可以简化为

$$\frac{\mathrm{d}R}{\mathrm{d}t}=D\frac{M}{\rho_{\mathrm{s}}}(C_{\mathrm{s}}-C_{xt}) \tag{5.24}$$

式中：C_{xt} 为 t 时刻裂隙内 x 处的溶液浓度。

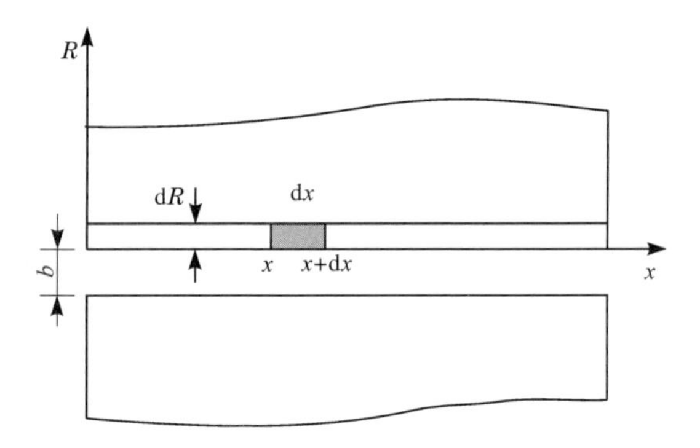

图 5.7　岩盐裂隙溶解关系分析示意图

可以看出，式(5.24)是岩盐溶解的必要条件，但是，岩盐裂隙中的溶解还受到流体的流速 v 和裂隙宽度 b 的控制，因此，还必须建立岩盐裂隙溶解的充分条件(即平衡方程)。

裂纹断面溶质变化示意图如图 5.8 所示，图中 m_x 表示 $\mathrm{d}t$ 时间内流经 x 处断面的溶液中岩盐的摩尔数；$m_{x+\mathrm{d}x}$ 表示 $\mathrm{d}t$ 时间内流经 $x+\mathrm{d}x$ 处断面的溶液中岩盐的摩尔数。

$$m_x=Cav_{xt}(2R+b)\mathrm{d}t \tag{5.25}$$

$$m_{x+\mathrm{d}x}=\left(C+\frac{\partial C}{\partial x}\mathrm{d}x\right)av_{xt}(2R+b)\mathrm{d}t \tag{5.26}$$

忽略岩盐溶解引起的裂隙内流体体积的变化，根据物质平衡原理，在时间 $\mathrm{d}t$ 内 $m_{x+\mathrm{d}x}$ 与 m_x 之差值即为在时间 $\mathrm{d}t$ 内，在距离 $\mathrm{d}x$ 之内所溶解的盐的摩尔数，故

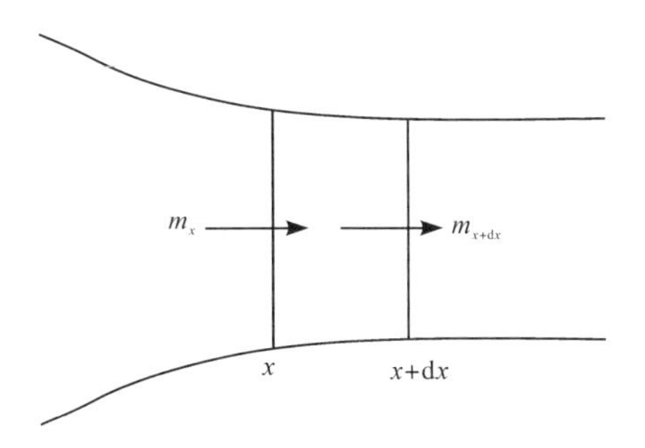

图5.8　裂纹断面溶质变化示意图

$$m_{x+\mathrm{d}x}-m_x=a\partial R\partial x\frac{\rho_s}{M} \tag{5.27}$$

式(5.27)表达了岩盐裂隙内 $\mathrm{d}x$ 段所对应的流体经过 $\mathrm{d}t$ 时间的岩盐裂隙固壁溶解作用而引起的浓度变化。整理式(5.27)可得到平衡方程

$$\frac{\partial C}{\partial x}=\frac{\rho_s}{v_{xt}(2R_{xt}+b)M}\frac{\partial R}{\partial t} \tag{5.28}$$

v_{xt} 是由 t 时刻整个裂隙的形状所控制的，下面推导 v_{xt} 的表达式。假设岩盐裂隙内两端的压差 ΔP 保持恒定，且其中的溶液满足 Darcy 定律，假定盐溶入溶液中后溶液体积不发生变化，故在 t 时刻流进 x 处断面的流量与流出 $x+\mathrm{d}x$ 处断面的流量相等，皆为 Q_t。则在 t 时刻通过裂隙 x 处断面的溶液流量 Q_t 可以表达为

$$Q_t=A_{xt}v_{xt}=-K_{xt}A_{xt}\frac{\Delta P_i}{\Delta x_i} \tag{5.29}$$

式中：K_{xt} 和 A_{xt} 分别为 t 时刻在盐岩裂隙 x 处断面的宏观渗透系数和宏观等效过水断面面积。

由式(5.29)可推导出

$$\Delta P_i=\frac{Q_t}{KA_{xt}}\Delta x_i \tag{5.30}$$

对式(5.30)求和并写成积分形式，可得到整个岩盐裂隙长度 L 上的压差 ΔP 为

$$\Delta P=Q_t\int_0^L\frac{1}{K_{xt}A_{xt}}\mathrm{d}x \tag{5.31}$$

而在 x 处的 $\mathrm{d}x$ 段内，裂隙渗透系数 K_{xt} 可以根据立方定律表达为

$$K_{xt}=\frac{\rho_{xt}g}{12\mu}(2R_{xt}+b)^2 \tag{5.32}$$

式中：ρ_{xt} 为 x 处的裂隙内的溶液密度；μ 为裂隙内溶液的动力黏滞系数；g 为重力加速度。

另外,在 x 处的过水断面面积 $A_{xt}=a(2R_{xt}+b)$。联立式(5.30)～式(5.32),可以得到

$$v_{xt}=\frac{\Delta P}{2R_{xt}+b}\frac{1}{\int_0^L\frac{12\mu}{\rho_{xt}g(2R_{xt}+b)^3}\mathrm{d}x} \tag{5.33}$$

同时,还必须满足密度方程

$$\rho_{xt}=\rho_{\mathrm{w}}+C_{xt}M\left(1-\frac{\rho_{\mathrm{w}}}{\rho_{\mathrm{s}}}\right) \tag{5.34}$$

利用式(5.24)、式(5.28)、式(5.33)和式(5.34),并将各式中的变量单位统一,即可对岩盐裂隙的渗流-溶解耦合过程进行分析。

2. 岩盐单裂隙渗流-溶解耦合试验及模拟验证

根据上面所分析的岩盐裂隙渗流-溶解耦合原理,进行了岩盐裂隙的渗流耦合试验。试验的具体过程如下:首先对岩盐试样进行打磨,使其作为裂隙面的试验面光滑平整,考虑到两块岩盐试样紧贴在一起时裂隙面很难达到平整闭合的要求,且岩盐强度较低,故在进行试验时设计了一块各面光滑的有机玻璃试件来代替其中一块岩盐试样;然后使用一套岩盐裂隙渗流—溶解耦合试验装置,使不同成分和不同饱和度的水溶液流经岩盐试样与有机玻璃试件之间所形成的裂隙面。在进行试验时,压力差保持不变;最后对岩盐试样裂隙面的溶解状态进行数据采集、分析。岩盐单裂隙渗流-溶解耦合试验装置如图 5.9 所示,岩盐裂隙面的溶解形态如图 5.10 所示。

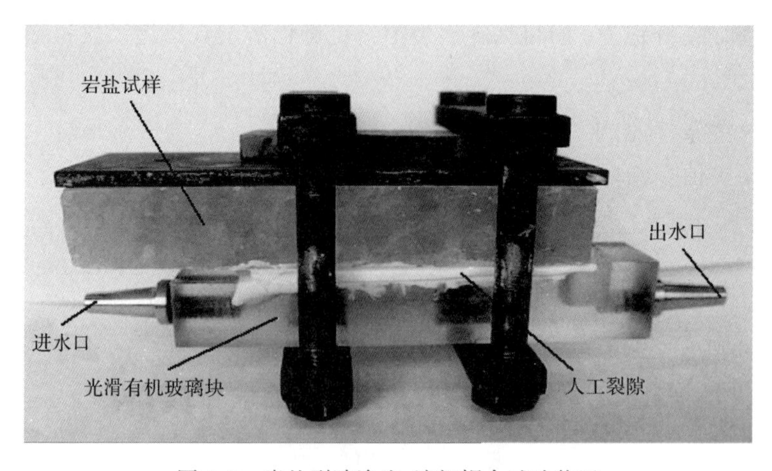

图 5.9　岩盐裂隙渗流-溶解耦合试验装置

试验结果如图 5.11 所示，图 5.11 中曲线 a 为在压力差为 $47mmH_2O$[1] 高，NaCl 水溶液摩尔浓度 $C_0=0.005mol/cm^3$ 的条件下所得出的结果，试验时间为 125h。

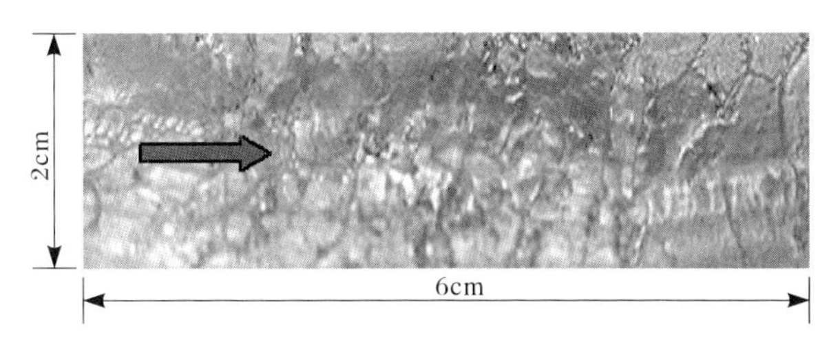

图 5.10　岩盐裂隙面的溶解形态

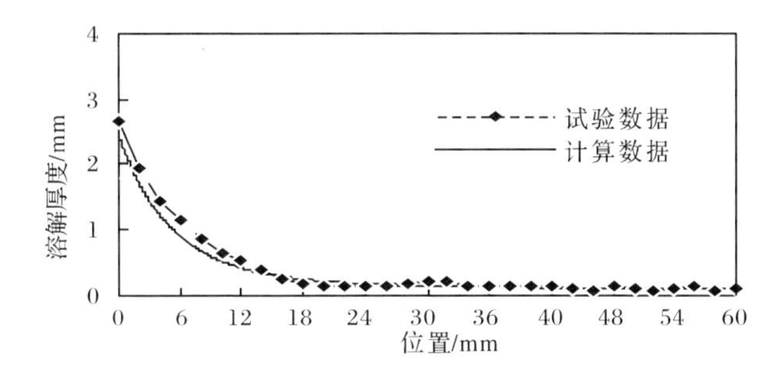

图 5.11　平均溶解厚度的试验曲线与计算曲线对比

根据试验条件，进行了数值分析。在式(5.33)中 μ 为裂隙内溶液的动力黏滞系数，其并不是一个常量，而是一个与裂隙中水溶液的密度相关的变量，其关系为

$$\mu_{xt}=\beta\rho_{xt} \tag{5.35}$$

式中：β 为水流运动黏滞系数，在 15℃时，$\beta=1.14\times10^{-2}cm^2/s$。

根据试验条件，由于只有一块岩盐试样参与试验，故上述所有公式中的岩盐裂隙固壁溶解值都要缩小一半。根据试验条件所得到的定解微分方程组为

$$\begin{cases}\dfrac{\partial R_{xt}}{\partial t}=D\dfrac{M}{\rho_s}(C_s-C_{xt})\\[2ex]\dfrac{\partial C_{xt}}{\partial x}=\dfrac{\rho_s}{\Delta PM}\displaystyle\int_0^L\dfrac{12\beta}{g\ (R_{xt}+b)^3}\mathrm{d}x\,\dfrac{\partial R_{xt}}{\partial t}\\[2ex]v_{xt}=\dfrac{\Delta P}{R_{xt}+b}\dfrac{1}{\displaystyle\int_0^L\dfrac{12\beta}{g\ (R_{xt}+b)^3}\mathrm{d}x},\quad 0\leqslant x\leqslant L;t\geqslant0\\[2ex]R_{xt}\,|_{t=0}=0,\quad C_{xt}\,|_{t=0}=C_0,\quad C_{xt}\,|_{x=0}=C_0\end{cases} \tag{5.36}$$

1) $1mmH_2O=9.80665Pa$，下同。

方程组(5.36)中各参数取值为：$D=2.0\times10^{-5}\,cm^2/s$，$M=58.5g/mol$，$C_s=0.0054mol/cm^3$，$\rho_s=2.16g/cm^3$，$\Delta P=4.7cm$，$L=6cm$，$b=0.001cm$，$C_0=0.005mol/cm^3$。

应用差分方法求解上述定解微分方程组，得出的在试验时间为125h的R_x如图5.11中计算数据曲线所示。从图5.11中可以看出试验数据与数值计算值吻合度高。

溶解时间不同，所得出的溶解厚度值也是不同的。对于不同的溶解时间，解偏微分方程组(5.36)可得出不同溶解时间下裂隙面的变化，如图5.12所示。从图5.12中可以看出：随着溶解时间的增加，裂隙面与水接触发生溶解的溶蚀作用面越大，溶解掉的岩盐试样质量也越多。

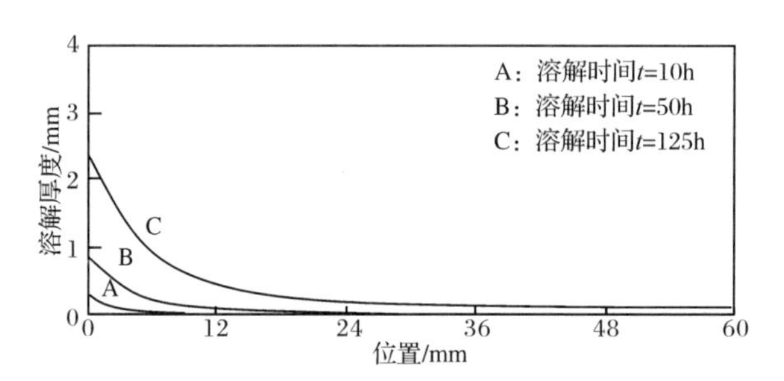

图5.12　数值计算得到的不同溶解时间下裂隙面的形态变化

5.3.3　应力作用下可溶岩溶蚀作用改变的机理分析

基于岩盐表面裂纹溶解试验现象以及岩盐裂隙渗流-溶解耦合模型及试验的分析，可以得出，应力作用下可溶岩溶蚀作用改变的机理为：

(1) 无应力作用下，可溶岩的溶蚀作用只在可溶岩固体边界面上发生，也就是说溶蚀作用面就是可溶岩的固体边界面。

(2) 在应力作用下，特别是在屈服以后，可溶岩会产生塑性变形，从而在可溶岩固体表面上产生裂纹。此时，当可溶岩与水溶液发生接触产生溶蚀时，可溶岩的溶蚀作用不仅在其固体边界面上发生，而且也会在可溶岩表面裂纹内部发生，也就是说此时的溶蚀作用面是可溶岩的固体边界面与所有表面裂纹的表面之和。

通过上面的分析，可以看出：在应力作用下，可溶岩的溶蚀作用发生了变化，其溶蚀作用面比无应力作用下的溶蚀作用面大，并且可溶岩裂纹的数量和尺寸随着塑性应变的增加而增加，可溶岩的溶蚀作用面面积也不断变大，造成相同时间内溶解的可溶岩质量会越来越大。因此，在应力作用下，可溶岩的宏观溶蚀速率会增大，并且可溶岩的宏观溶蚀速率与可溶岩的塑性应变之间必然存在一定的关系。

5.4 应力作用下可溶岩溶蚀模型的建立

1.问题的提出

由前面的分析知道,有无应力作用下可溶岩溶蚀机理是基本一致的,应力作用下可溶岩溶蚀作用发生变化的原因在于有效溶蚀面积在应力作用下发生了变化,而有效溶蚀面积由不同应力状态下的裂纹数量和大小所控制。由所建立的无应力作用下可溶岩溶蚀模型可知,可溶岩溶蚀面积的变化特征确定后,即可根据定解偏微分方程组(5.23)求得溶蚀变化规律。在计算应力作用下可溶岩溶蚀作用变化规律时,可直接套用无应力作用下可溶岩溶蚀模型的建立思路,并在得出应力作用下可溶岩溶蚀面积变化规律的条件下,建立应力作用下可溶岩溶蚀模型。

由上述应力作用下可溶岩溶蚀模型的建立思路中可知,在模型的建立过程中存在一个问题:不同应力状态下裂纹的数量和大小很难统计出来,这就导致应力作用下可溶岩溶蚀面积变化规律无法得出。

2. 解决方案

由于应力作用下可溶岩溶蚀面积的变化规律无法得出这个问题的存在,必须通过分析无应力作用下可溶岩溶蚀模型,有无应力作用下可溶岩溶蚀特性试验以及应力作用下可溶岩溶蚀特性发生变化的机理来寻求等效的替代解决方案去建立应力作用下可溶岩溶蚀模型。

在应力作用下岩盐溶蚀特性试验中,我们注意到:一定力学状态和溶蚀状态下,岩盐的溶蚀质量(即岩盐的宏观溶蚀速率)是确定的。虽然岩盐的宏观溶蚀速率可确定,但从微观角度上进行分析时岩盐的溶蚀速率的变化规律无法得出。

在无应力作用下可溶岩溶蚀模型中,我们注意到:从微观上进行分析,当溶蚀作用面以及扩散系数 D 的取值确定后,溶蚀特性即可确定。可溶岩溶蚀作用实际上是受固体表面的扩散作用决定的,当外部条件确定后,扩散系数 D 只与溶剂相关。

通过上述分析,可使用如下的等效替代解决方案来建立应力作用下的可溶岩溶蚀模型:假定在有无应力作用下,可溶岩溶蚀作用面未发生变化,而扩散系数发生了变化,应力作用下的扩散系数可称之为等效扩散系数 D^* 。

3. 等效扩散系数 D^* 的概念

等效扩散系数的概念是宏观上单位时间内通过单位面积参考曲面的质量流

与法向浓度梯度的比例系数，用于描述应力作用下单位溶蚀面积上的宏观溶蚀速率。从应力作用下岩盐溶蚀特性变化规律中可以看出，等效扩散系数受力学特性以及溶蚀特性的影响，是力学特性参数和溶蚀特性参数的函数，且当无应力作用时其值等于扩散系数值。

由三轴应力作用下岩盐溶蚀特性试验分析中可知：不同的围压 σ_3 下，岩盐的溶蚀特性发生了变化，故围压 σ_3 是影响等效扩散系数 D^* 的力学特性参数之一；不同塑性状态下溶蚀特性发生变化，故塑性特征量(为了便于说明，将塑性特征量标记为 Λ)是影响等效扩散系数 D^* 的力学特性参数之一；随着溶解时间 t 的增加，岩盐的溶蚀特性也不同，故可选取溶解时间 t 作为溶蚀特性参数。

通过上述分析可知，等效扩散系数 D^* 可以用围压 σ_3、塑性特征量 Λ、溶解时间 t 这三个参数来进行描述，写为：$D^*(\sigma_3,\Lambda,t)$。

在单轴压缩条件下，塑性特征量 Λ 可选择等效塑性应变 $\bar{\varepsilon}^{\mathrm{p}}$，通过对单轴压缩条件下岩盐应力—溶解耦合效应的细观力学试验结果分析，可得出等效扩散系数 D^* 与等效塑性应变 $\bar{\varepsilon}^{\mathrm{p}}$、溶解时间 t 之间的定量关系 $D^*(\bar{\varepsilon}^{\mathrm{p}}t)$。

在三轴压缩条件下，塑性体积应变既能反映塑性变形特性，又能体现损伤演化过程，故可以将 $\varepsilon_{\mathrm{v}}^{\mathrm{p}}$ 作为等效扩散系数 D^* 的力学特性参数。通过对三轴应力作用下岩盐溶蚀特性试验分析，可得出等效扩散系数 D^* 与围压 σ_3、塑性体积应变 $\varepsilon_{\mathrm{v}}^{\mathrm{p}}$、溶解时间 t 之间的定量关系 $D^*(\sigma_3,\varepsilon_{\mathrm{v}}^{\mathrm{p}},t)$。

4. 模型的建立

根据上述分析，可以建立应力作用下可溶岩溶蚀模型，具体介绍如下：

1) 假设前提

(1) 无应力作用下的可溶岩溶蚀模型的表达形式和假设在此仍然成立。

(2) 假定可以用等效扩散系数来描述在应力作用下的可溶岩溶蚀作用。

2) 模型的数学表达式

根据以上前提假设，可以写出应力作用下可溶岩溶蚀模型的定解偏微分方程组的形式为

$$
\begin{cases}
\nabla \cdot \boldsymbol{u}=0 \\
\dfrac{\partial \boldsymbol{u}}{\partial t}+(\boldsymbol{u} \cdot \nabla)\boldsymbol{u}=\boldsymbol{f}-\dfrac{1}{\rho}\nabla p+v\nabla^2\boldsymbol{u} \\
\dfrac{\partial C}{\partial t}+(\boldsymbol{u} \cdot \nabla)C=\nabla \cdot (D^*(\sigma_3,\Lambda,t)\nabla C) \\
\rho=\rho_w+CM\left(1-\dfrac{\rho_w}{\rho_s}\right) \\
\dfrac{dR^*(\sigma_3,\Lambda,t)}{dt}=-D^*(\sigma_3,\Lambda,t)\dfrac{M}{\rho_s}\dfrac{\partial C}{\partial \boldsymbol{n}}\bigg|_{\Gamma_1} \\
u|_{t=0}=0,\quad C|_{t=0}=C_0,\quad C|_{\Gamma_1}=C_s
\end{cases}
\tag{5.37}
$$

在式(5.37)中，由于使用的是等效扩散系数 $D^*(\sigma_3,\Lambda,t)$(Λ 为塑性特征量)，故所计算出来的单位面积下的溶蚀厚度也应该为等效溶蚀厚度 $R^*(\sigma_3,\Lambda,t)$。应力作用下，如果得到不同的围压 σ_3、塑性特征量 Λ 和溶解时间 t 所对应的 $D^*(\sigma_3,\Lambda,t)$值，就可以得出不同围压 σ_3、塑性特征量 Λ 和溶解时间 t 所对应的岩盐溶蚀模型。

5.5　应力作用下可溶岩溶蚀模型的计算方法

5.5.1　计算思路

在无应力作用下可溶岩溶蚀模型中，由于速度场和浓度场的相互作用关系，偏微分方程组(5.23)具有非线性特征，很难获得解析解，因此可以寻求合适的差分格式，将偏微分方程组(5.23)离散化，并通过计算机进行数值求解。

应力作用下可溶岩溶蚀模型的定解偏微分方程组(5.37)在形式和计算方法上与偏微分方程组(5.23)相同，不同之处在于要首先确定不同围压 σ_3，塑性特征量 Λ 以及溶解时间 t 所对应的等效扩散系数 $D^*(\sigma_3,\Lambda,t)$。

由于应力作用下可溶岩溶蚀模型是计算宏观溶蚀速率或单位面积上的等效溶解厚度，从而可以得出

$$
R^*(\sigma_3,\Lambda,t)A\rho_s=m(\sigma_3,\Lambda,t) \tag{5.38}
$$

式中：A 为溶蚀作用面积，在试验中即为与溶液接触的表面积；$m(\sigma_3,\Lambda,t)$为不同围压 σ_3、塑性特征量 Λ 以及溶解时间 t 所对应的溶蚀质量，该值可通过试验获得。故可采用试验结果(如单轴压缩条件下岩盐应力-溶解耦合效应的细观力学试验、三轴应力作用下可溶岩溶蚀特性试验)来推算等效扩散系数 $D^*(\sigma_3,\Lambda,t)$。

5.5.2 模型数值方法求解

1. 模型的有限差分方法

1) 输运方程的隐式展开

在流体输运过程中，很多物理问题如对流扩散、黏性流体动力学问题，都可以采用如下非线性抛物线方程来描述

$$\frac{\partial u}{\partial t}=f(x,t,u,\frac{\partial u}{\partial x},\frac{\partial^2 u}{\partial x^2}) \tag{5.39}$$

对于这一类的方程，如果用显式格式进行离散，则差分格式的稳定性条件不但依赖于步长，而且依赖于函数值，进而依赖于函数的形式，一般来说稳定性限制都比较严格，所以很多情况下转向隐式格式进行计算。

考虑 Crank-Nicholson 型隐式格式，差分方程为

$$\frac{u_i^{n+1}-u_i^n}{\tau}=f\left\{x_i,t_{n+\frac{1}{2}},\frac{u_i^{n+1}+u_i^n}{2},\frac{1}{2}\left(\frac{u_{i+1}^{n+1}+u_{i-1}^{n+1}}{2h}+\frac{u_{i+1}^n+u_{i-1}^n}{2h}\right),\frac{\delta_x^2(u_i^{n+1}+u_i^n)}{2h^2}\right\} \tag{5.40}$$

式中：$t_{n+\frac{1}{2}}=(n+\frac{1}{2})\tau$。

该格式为全二阶精度，下面以一维对流扩散方程

$$\frac{\partial C}{\partial t}+u\frac{\partial C}{\partial x}=D\frac{\partial^2 C}{\partial x^2} \tag{5.41}$$

为例，对 Crank-Nicholson 格式进行稳定性分析，该格式的差分方程为

$$\frac{C_i^{n+1}-C_i^n}{\Delta t}+\frac{u}{2}\left(\frac{C_{i+1}^n-C_{i-1}^n}{2\Delta x}+\frac{C_{i+1}^{n+1}-C_{i-1}^{n+1}}{2\Delta x}\right)=\frac{D}{2}\left[\frac{C_{i+1}^n-2C_i^n+C_{i-1}^n}{(\Delta x)^2}+\frac{C_{i+1}^{n+1}-2C_i^{n+1}+C_{i-1}^{n+1}}{(\Delta x)^2}\right] \tag{5.42}$$

根据 Fourier 分析方法，Crank-Nicholson 格式特征因子可以写为

$$G=\frac{[1-\mu+\mu\cos(kh)]-i\frac{\lambda}{2}\sin(kh)}{[1+\mu-\mu\cos(kh)]+i\frac{\lambda}{2}\sin(kh)} \tag{5.43}$$

式中：$\lambda=\frac{\Delta t}{(\Delta x)^2}$。

则有

$$|G|^2=\frac{[1-\mu+\mu\cos(kh)]^2+\left[\frac{\lambda}{2}\sin(kh)\right]^2}{[1+\mu-\mu\cos(kh)]^2+\left[\frac{\lambda}{2}\sin(kh)\right]^2} \tag{5.44}$$

可以推导出

$$|G|^2-1=\frac{-4\mu[1-\cos(kh)]}{[1+\mu-\mu\cos(kh)]^2+\left[\frac{\lambda}{2}\sin(kh)\right]^2} \tag{5.45}$$

由于 $1-\cos(kh)\geqslant 0$，式(5.45)中分母为正，所以 $|G|^2-1\leqslant 0$，或者 $|G|^2\leqslant 1$，因此，该格式是无条件稳定的。

2) 交替方向隐式格式

(1) P-R 格式。

对于二维问题，可以采用交替方向隐式格式构造差分方程。在 Crank-Nicholson 格式中，对二阶导数项作了同样的处理，即同时在第 n 层取值或者同时在第 $n+1$ 层取值；在交替方向隐式格式中，以直角坐标系为例，在构造隐式格式时，对两个二阶导数中的一个$\left(如\frac{\partial^2 u}{\partial x^2}\right)$用函数在第 $n+1$ 层上的未知值的二阶中心差分来代替；而另一个$\left(如\frac{\partial^2 u}{\partial y^2}\right)$用函数在第 n 层上的已知值的二阶中心差分来代替，这样得到的差分方程组仅在 x 方向上是隐式的，比较容易求解，即用追赶法就可以，为对称起见，在下一时间层上，重复上述步骤，但对 y 方向上是隐式的，x 方向上是显式的，这样相邻的两个时间层合并起来就构成了一个差分格式。

引入差分算子：

$$\begin{cases}\delta_x u_{i,j}^n=u_{i+1,j}^n-u_{i-1,j}^n\\ \delta_y u_{i,j}^n=u_{i,j+1}^n-u_{i,j-1}^n\\ \delta_x^2 u_{i,j}^n=u_{i+1,j}^n-2u_{i,j}^n+u_{i-1,j}^n\\ \delta_y^2 u_{i,j}^n=u_{i,j+1}^n-2u_{i,j}^n+u_{i,j-1}^n\end{cases} \tag{5.46}$$

现在在一个时间层上完成上述两步算法

$$\begin{cases}\dfrac{u_{i,j}^{n+\frac{1}{2}}-u_{i,j}^n}{\frac{\tau}{2}}=a\,\dfrac{1}{h^2}(\delta_x^2 u_{i,j}^{n+\frac{1}{2}}+\delta_y^2 u_{i,j}^n)\\ \dfrac{u_{i,j}^{n+1}-u_{i,j}^{n+\frac{1}{2}}}{\frac{\tau}{2}}=a\,\dfrac{1}{h^2}(\delta_x^2 u_{i,j}^{n+\frac{1}{2}}+\delta_y^2 u_{i,j}^{n+1})\end{cases} \tag{5.47}$$

以上格式称为 Peaceman-Rachfold 格式或者简称为 P-R 格式[115]。可以看出，计算 $u_{i,j}^{n+1}$ 是由两步组成，每步仅是一个方向的隐式，故用两次追赶法就可以解出 $u_{i,j}^{n+1}$ 了。

(2) 考察 P-R 格式的精度。

先消去过渡值 $u_{i,j}^{n+\frac{1}{2}}$，将式(5.47)中两式相加可以得到

$$\frac{u_{i,j}^{n+1}-u_{i,j}^{n}}{\frac{\tau}{2}}=a\,\frac{1}{h^2}\left[\delta_x^2 u_{i,j}^{n+\frac{1}{2}}+\delta_y^2(u_{i,j}^{n+1}+u_{i,j}^{n})\right] \tag{5.48}$$

再由式(5.47)中两式相减可以得到

$$4u_{i,j}^{n+\frac{1}{2}}=2(u_{i,j}^{n+1}+u_{i,j}^{n})-a\,\frac{\tau}{h^2}\delta_y^2(u_{i,j}^{n+1}-u_{i,j}^{n}) \tag{5.49}$$

由式(5.48)和式(5.49)可得

$$\left(1+\frac{1}{4}\frac{a^2\tau^2}{h^4}\delta_x^2\delta_y^2\right)\frac{u_{i,j}^{n+1}-u_{i,j}^{n}}{\tau}=\frac{a}{h^2}(\delta_x^2+\delta_y^2)\frac{u_{i,j}^{n+1}+u_{i,j}^{n}}{2} \tag{5.50}$$

设 $u(x,y,t)$ 为精确解并假定其关于 t 三次连续可微，关于 x、y 四次连续可微，利用 Taylor 级数展开可得

$$\begin{aligned}&\left(1+\frac{1}{4}\,\frac{a^2\tau^2}{h^4}\delta_x^2\delta_y^2\right)\frac{u(x_i,y_j,t_{n+1})-u(x_i,y_j,t_n)}{\tau}\\&\quad-\frac{a}{h^2}(\delta_x^2+\delta_y^2)\,\frac{u(x_i,y_j,t_{n+1})+u(x_i,y_j,t_n)}{2}\\&=O(\tau^2+h^2)\end{aligned} \tag{5.51}$$

得到的 P-R 格式是二阶精度的，与二维 Crank-Nicholson 格式具有相同的精度。

(3) 考虑 P-R 格式的稳定性。

改写式(5.50)，可得

$$\left(1-\frac{a\lambda}{2}\delta_x^2\right)\left(1-\frac{a\lambda}{2}\delta_y^2\right)u_{i,j}^{n+1}=\left(1+\frac{a\lambda}{2}\delta_x^2\right)\left(1+\frac{a\lambda}{2}\delta_y^2\right)u_{i,j}^{n} \tag{5.52}$$

式中：$\lambda=\frac{\tau}{h^2}$。

可求出式(5.52)的过渡因子为

$$G=\frac{[1-2a\lambda\,\sin^2(k_1h)][1-2a\lambda\,\sin^2(k_2h)]}{[1+2a\lambda\,\sin^2(k_1h)][1+2a\lambda\,\sin^2(k_2h)]} \tag{5.53}$$

可以看出，对于任何 λ 都有 $G\leqslant 1$，所以 P-R 格式是绝对稳定的。

由以上讨论可以看出，P-R 格式是具有二阶精度、绝对稳定并易于求解的格式。

2. 模型数值方法求解具体步骤

针对二维模型将求解区域作网格划分，用两组平行线构成的长方形网格覆盖整个求解区域，并选择交替方向隐式格式来对偏微分方程组(5.23)进行求解。

平面坐标系中，在 x、z 两个坐标方向上采用交替方向隐式格式。引入差分算子：

$$\begin{cases}\delta_x u_{i,j}^n = u_{i+1,j}^n - u_{i-1,j}^n \\ \delta_z u_{i,j}^n = u_{i,j+1}^n - u_{i,j-1}^n \\ \delta_x^2 u_{i,j}^n = u_{i+1,j}^n - 2u_{i,j}^n + u_{i-1,j}^n \\ \delta_z^2 u_{i,j}^n = u_{i,j+1}^n - 2u_{i,j}^n + u_{i,j-1}^n\end{cases} \tag{5.54}$$

x、z 两个坐标方向上步长分别取为 h_1、h_2，时间步长取为 τ。式(5.23)中的各个偏微分方程的交替方向隐式格式可做如下展开：

1）求解速度的交替隐式格式

为书写方便，令速度分量 $u_x=u$、$u_z=v$，则速度的交替隐式格式可写为

$$\begin{aligned}&\frac{u_{i,j}^{n+\frac{1}{2}}-u_{i,j}^n}{\frac{\tau}{2}}+u_{i,j}^{n+\frac{1}{2}}\frac{1}{h_1}\delta_1 u_{i,j}^{n+\frac{1}{2}}+v_{i,j}^n\frac{1}{h_2}\delta_2 u_{i,j}^n \\ =&-\frac{1}{\rho_{i,j}^{n+\frac{1}{2}}}\frac{1}{h_1}\delta_1 p_{i,j}^{n+\frac{1}{2}}+\frac{\mu}{\rho_{i,j}^{n+\frac{1}{2}}}\frac{1}{h_1^2}\delta_1^2 u_{i,j}^{n+\frac{1}{2}}+\frac{\mu}{\rho_{i,j}^n}\frac{1}{h_2^2}\delta_2^2 u_{i,j}^n\end{aligned} \tag{5.55}$$

$$\begin{aligned}&\frac{u_{i,j}^{n+1}-u_{i,j}^{n+\frac{1}{2}}}{\frac{\tau}{2}}+u_{i,j}^{n+\frac{1}{2}}\frac{1}{h_1}\delta_1 u_{i,j}^{n+\frac{1}{2}}+v_{i,j}^{n+1}\frac{1}{h_2}\delta_2 u_{i,j}^{n+1} \\ =&-\frac{1}{\rho_{i,j}^{n+\frac{1}{2}}}\frac{1}{h_1}\delta_1 p_{i,j}^{n+1}+\frac{\mu}{\rho_{i,j}^{n+\frac{1}{2}}}\frac{1}{h_1^2}\delta_1^2 u_{i,j}^{n+\frac{1}{2}}+\frac{\mu}{\rho_{i,j}^{n+1}}\frac{1}{h_2^2}\delta_2^2 u_{i,j}^{n+1}\end{aligned} \tag{5.56}$$

$$\begin{aligned}&\frac{v_{i,j}^{n+\frac{1}{2}}-v_{i,j}^n}{\frac{\tau}{2}}+u_{i,j}^{n+\frac{1}{2}}\frac{1}{h_1}\delta_1 v_{i,j}^{n+\frac{1}{2}}+v_{i,j}^n\frac{1}{h_2}\delta_2 v_{i,j}^n \\ =&-\frac{1}{\rho_{i,j}^{n+\frac{1}{2}}}\frac{1}{h_2}\delta_2 p_{i,j}^{n+\frac{1}{2}}+\frac{\mu}{\rho_{i,j}^{n+\frac{1}{2}}}\frac{1}{h_1^2}\delta_1^2 v_{i,j}^{n+\frac{1}{2}}+\frac{\mu}{\rho_{i,j}^n}\frac{1}{h_2^2}\delta_2^2 v_{i,j}^n\end{aligned} \tag{5.57}$$

$$\begin{aligned}&\frac{v_{i,j}^{n+1}-v_{i,j}^{n+\frac{1}{2}}}{\frac{\tau}{2}}+u_{i,j}^{n+\frac{1}{2}}\frac{1}{h_1}\delta_1 v_{i,j}^{n+\frac{1}{2}}+v_{i,j}^{n+1}\frac{1}{h_2}\delta_2 v_{i,j}^{n+1} \\ =&-\frac{1}{\rho_{i,j}^{n+\frac{1}{2}}}\frac{1}{h_2}\delta_2 p_{i,j}^{n+1}+\frac{\mu}{\rho_{i,j}^{n+\frac{1}{2}}}\frac{1}{h_1^2}\delta_1^2 v_{i,j}^{n+\frac{1}{2}}+\frac{\mu}{\rho_{i,j}^{n+1}}\frac{1}{h_2^2}\delta_2^2 v_{i,j}^{n+1}\end{aligned} \tag{5.58}$$

2）求解浓度的交替隐式格式

$$\begin{aligned}&\frac{C_{i,j}^{n+\frac{1}{2}}-C_{i,j}^n}{\frac{\tau}{2}}+u_{i,j}^{n+\frac{1}{2}}\frac{1}{h_1}\delta_1 C_{i,j}^{n+\frac{1}{2}}+v_{i,j}^n\frac{1}{h_2}\delta_2 C_{i,j}^n \\ =&D\left\{\frac{1}{h_1^2}\delta_1^2 C_{i,j}^{n+\frac{1}{2}}+\frac{1}{\left[\left(i-\frac{1}{2}\right)h_1\right]^2}\delta_1 C_{i,j}^{n+\frac{1}{2}}+\frac{1}{h_2^2}\delta_2^2 C_{i,j}^n\right\}\end{aligned} \tag{5.59}$$

$$\frac{C_{i,j}^{n+1}-C_{i,j}^{n+\frac{1}{2}}}{\frac{\tau}{2}}+u_{i,j}^{n+\frac{1}{2}}\frac{1}{h_1}\delta_1 C_{i,j}^{n+\frac{1}{2}}+v_{i,j}^{n+1}\frac{1}{h_2}\delta_2 C_{i,j}^{n+1}$$

$$=D\left\{\frac{1}{h_1^2}\delta_1^2 C_{i,j}^{n+\frac{1}{2}}+\frac{1}{\left[\left(i-\frac{1}{2}\right)h_1\right]^2}\delta_1 C_{i,j}^{n+\frac{1}{2}}+\frac{1}{h_2^2}\delta_2^2 C_{i,j}^{n+1}\right\} \tag{5.60}$$

3) 求解密度和浓度之间的变化关系

$$\rho_{i,j}^{n}=\rho_{\mathrm{w}}+C_{i,j}^{n}M\left(1-\frac{\rho_{\mathrm{w}}}{\rho_{\mathrm{s}}}\right) \tag{5.61}$$

$$\rho_{i,j}^{n+\frac{1}{2}}=\rho_{\mathrm{w}}+C_{i,j}^{n+\frac{1}{2}}M\left(1-\frac{\rho_{\mathrm{w}}}{\rho_{\mathrm{s}}}\right) \tag{5.62}$$

$$\rho_{i,j}^{n+1}=\rho_{\mathrm{w}}+C_{i,j}^{n+1}M\left(1-\frac{\rho_{\mathrm{w}}}{\rho_{\mathrm{s}}}\right) \tag{5.63}$$

4) 边界形态方程计算

当溶蚀边界面 Γ_1 的外法线方向 $\boldsymbol{n}$ 与坐标系的 x 坐标方向平行时，溶蚀边界形态方程变为

$$R^{n+1}(I,j)=\frac{DM}{\rho_{\mathrm{s}}}\frac{C^{n+1}(I,j)-C^{n+1}(I-1,j)}{h_1} \tag{5.64}$$

当溶蚀边界面 Γ_1 的外法线方向 $\boldsymbol{n}$ 与坐标系的 z 坐标方向平行时，溶蚀边界形态方程变为

$$R^{n+1}(i,J)=\frac{DM}{\rho_{\mathrm{s}}}\frac{C^{n+1}(i,J)-C^{n+1}(i,J-1)}{h_2} \tag{5.65}$$

5) 时间步长的选择

时间步长 τ 的选择，取决于差分格式稳定约束条件以及流体移动幅度，一般可以流体输运幅度为限制，即在 τ 时间间隔内，质点不超越一个相邻网格为宜，因此有

$$\tau\leqslant\min\left(\frac{h_1}{\left|u\right|_{i,j}},\frac{h_2}{\left|v\right|_{i,j}}\right) \tag{5.66}$$

或

$$\tau\max_{i,j}\left|u_{i,j}\right|<h_1 \tag{5.67}$$

$$\tau\max_{i,j}\left|v_{i,j}\right|<h_2 \tag{5.68}$$

5.5.3 等效扩散系数的确定

1. 等效扩散系数计算步骤

根据所建立的应力作用下可溶岩溶蚀模型，使用有限差分方法，选择交替方

向隐式格式来计算定解偏微分方程组(5.37),并编制了相应的计算程序,用于计算等效扩散系数。

等效扩散系数的计算步骤如下:

1) 建立计算模型

所建立的平面计算模型如图5.13所示。图5.13中,Γ_1 为试验中岩盐试件的溶解面,$C|_{\Gamma_1}=C_s$;Γ_2、Γ_3、Γ_4 皆为流体自由面,其中 Γ_2 为流体表面,Γ_3、Γ_4 为与周围流体接触的对流扩散交换面;Ω 为计算流体区域,速度场的初始条件为$u|_{t=0}=0$,浓度场的初始条件为$C|_{t=0}=C_0$;坐标轴 z 方向代表垂直方向。

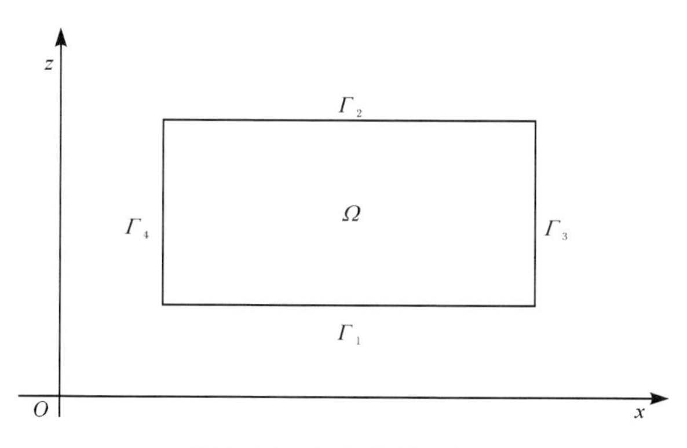

图5.13　平面模型示意图

2) 流体输运计算子程序

流体输运的计算子程序中,采用交替隐式格式的有限差分方法进行迭代求解,流程结构如图5.14所示,首先根据对流扩散方程,隐式求得浓度场,将浓度场转换为密度场,传递给 Navier-Stokes 方程,参与计算,半隐式求得流场。

3) 等效扩散系数计算思路

等效扩散系数的计算思路如下:

(1) 给定围压、塑性特征量及其值和溶解时间,根据试验所得出的关系表达式,计算出溶解质量 m 值。

(2) 对等效扩散系数赋值,并代入式(5.37)中。

(3) 调入流体输运计算子程序,计算出速度场和浓度场,然后根据浓度场求解出溶蚀厚度,再将其转换为溶蚀质量值。

(4) 比较第一步计算出的溶解质量 m 值与第三步中用程序算出的溶蚀质量值,如果相等,则可确定所给定的围压、塑性特征量和溶解时间所对应的等效扩散系数值;如若不相等,则重新对等效扩散系数赋值,重复第(2)～(4)步。

依据上述思路,等效扩散系数计算程序流程结构图如图5.15所示。

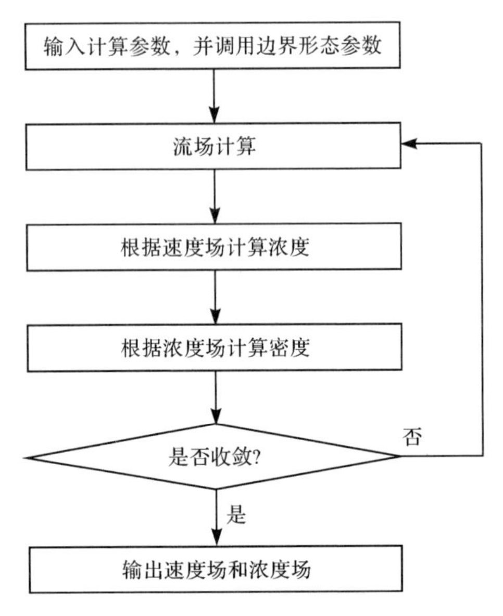

图 5.14　流体输运计算子程序流程结构图

2. 岩盐扩散系数计算

当无应力作用时等效扩散系数值等于扩散系数值，故可根据等效扩散系数计算流程，以及无应力作用下岩盐溶蚀特性试验数据(如表 3.5 所示)对岩盐扩散系数值进行计算。需要注意的是：饱和岩盐水溶液中的溶蚀质量几乎为零，因此无法利用其试验数据计算岩盐的扩散系数。

无应力作用下岩盐溶蚀试验的具体参数如下：$\rho_w=1000\text{kg/m}^3$，$\rho_s=2300\text{kg/m}^3$，$M=0.0585\text{kg/mol}$，$C_s=4290\text{mol/m}^3$，$\upsilon=1.14\times10^{-6}\text{m}^2/\text{s}$，对应于不同浓度的岩盐水溶液，$C_0$ 的值分别为 0、$\frac{1}{4}C_s$、$\frac{1}{2}C_s$、C_s。

计算所得到的岩盐扩散系数如表 5.1 所示。需要说明的是，由于试验过程存在各种未知因素的影响，导致表 5.1 中的扩散系数值存在一定差异。从扩散系数的概念上可知，扩散系数的数值只与溶剂和温度相关，与溶液浓度和溶解时间无关，本节中不考虑温度的变化，并且溶剂固定为岩盐，故文中的岩盐扩散系数值应为一定值。对表 5.1 中针对不同试验结果计算出来的扩散系数取平均值，可得岩盐扩散系数为 $4.41\times10^{-9}\text{m}^2/\text{s}$。

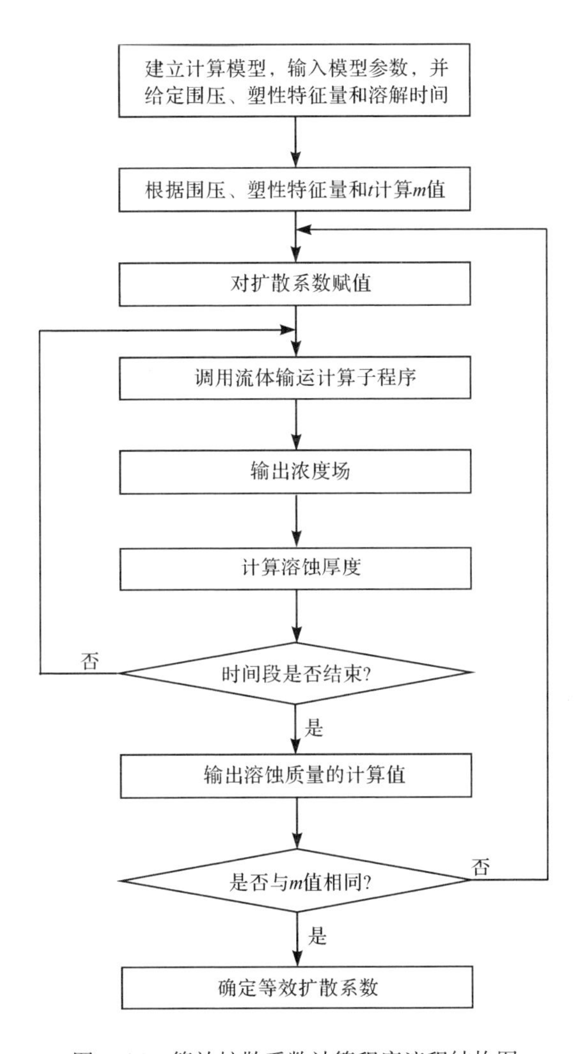

图5.15　等效扩散系数计算程序流程结构图

表5.1　岩盐扩散系数的计算结果

溶液浓度	计算所得扩散系数/($\times 10^{-9}m^2/s$)				
	100s	200s	300s	600s	900s
0	4.71	4.82	4.91	5.07	5.28
$\frac{1}{4}C_s$	4.56	4.63	4.75	4.64	4.67
$\frac{1}{2}C_s$	3.54	3.59	3.78	3.52	3.76
C_s	—	—	—	—	—

3. 单轴压缩条件下等效扩散系数计算

在单轴压缩条件下，塑性特征量 Λ 可选择等效塑性应变 $\bar{\varepsilon}^{p}$，通过对单轴压缩条件下岩盐应力-溶解耦合效应的细观力学试验结果分析（详见 3.1.4 节），可得出等效扩散系数 D^{*} 与等效塑性应变 $\bar{\varepsilon}^{p}$、溶解时间 t 之间的定量关系 $D^{*}(\bar{\varepsilon}^{p},t)$。

1）浓度场计算结果分析

通过计算可以得出，不同扩散系数取值、不同溶解时间下浓度随着距离岩盐溶蚀边界面的垂直距离的变化关系。图 5.16 为等效扩散系数 D^{*} 与扩散系数 D 的比值 $D^{*}/D=25$ 时不同溶解时间下浓度与距离岩盐溶蚀边界面的垂直距离的变化关系，图 5.17 为溶解时间为 400s 时不同 D^{*}/D 值时浓度随着距离岩盐溶蚀边界面的垂直距离的变化关系。

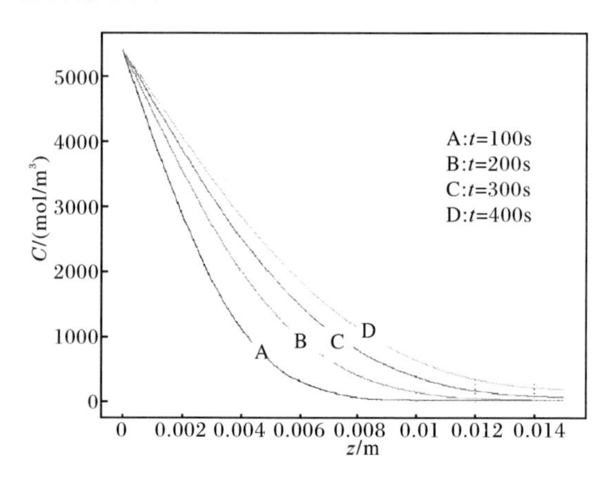

图 5.16 $D^{*}/D=25$ 时不同溶解时间下浓度 C 与 z 的变化关系

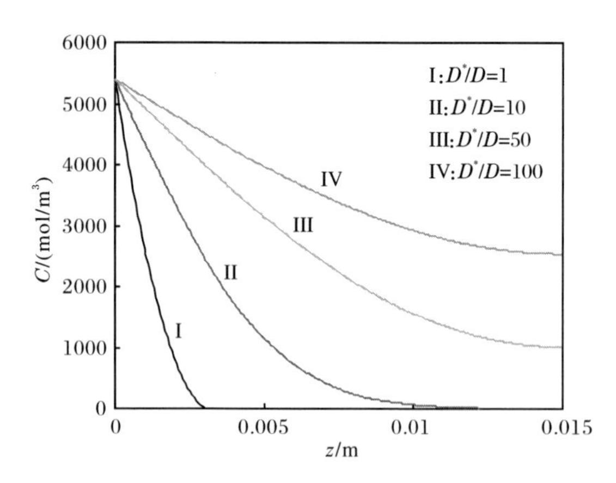

图 5.17 $t=400$s 时不同 D^{*}/D 下浓度 C 与 z 的变化关系

从图 5.16 中可以看出：在一定的距离岩盐溶蚀边界面的垂直距离下，随着溶解时间的增加，浓度也相应地增加；在一定的溶解时间内，随着距离岩盐溶蚀边界面的垂直距离的增加，流体的浓度逐渐减小，其减小幅度随着垂直距离的增加而变小。从图 5.17 中可以看出：在一定的距离岩盐溶蚀边界面的垂直距离下，随着 D^*/D 比值的不断增加，浓度也不断增大；而且随着垂直距离的增加，D^*/D 比值越大，其浓度的降低幅度越小。图 5.16 和图 5.17 中 z 为距离岩盐溶蚀边界面的垂直距离。

2）等效扩散系数计算结果分析

通过计算得到的等效扩散系数 D^* 与扩散系数 D 的比值 D^*/D 与等效塑性应变 $\bar{\varepsilon}^{p}$、溶解时间 t 之间的函数关系表达式为

$$\frac{D^*(\bar{\varepsilon}^{p},t)}{D}=\left[-13.48+16.02\exp\left(\frac{t}{1.1}\right)\right]\left[2.71-\frac{704.35}{1+\exp\left(\frac{\bar{\varepsilon}^{p}-6.53}{0.39}\right)}\right] \tag{5.69}$$

图 5.18 为当溶解时间 $t=400\text{s}$ 时 D^*/D 与等效塑性应变 $\bar{\varepsilon}^{p}$ 之间的关系。从图 5.18 中可以看出：当溶解时间为 400s 时，D^*/D 与等效塑性应变 $\bar{\varepsilon}^{p}$ 之间的关系在趋势上与图3.8 中溶解质量与轴向塑性应变的关系基本一致。在溶解时间一定时，不同等效塑性应变下等效扩散系数 D^* 与扩散系数 D 的比值 D^*/D 相差较大，根据等效塑性应变和 D^*/D 之间的关系，曲线可以分为三段：

（1）I 段，该段曲线非常平缓。在此段曲线中，D^*/D 很小，随着等效塑性应变的逐渐增加，D^*/D 也在缓慢增加，但变化幅度非常小。这是因为当等效塑性应变值较小时，岩盐表面所产生的裂纹较少，溶蚀作用面积变化较小，等效扩散系数的变化也较为微弱。

（2）II 段，该段曲线向上凹曲，并且曲线斜率变化非常显著。这说明随着轴向塑性应变的增加，D^*/D 显著增加，而且其变化幅度相当大。这是因为当等效塑性应变达到一定值后，在岩盐表面产生大量的裂纹，这就造成溶蚀作用面积发生急剧的变化，从而等效扩散系数的变化也非常显著。

（3）III 段，该段曲线为上升曲线，曲线斜率变化较小，这说明随着等效塑性应变的增加，D^*/D 增加较快。这是因为在此段中随着等效塑性应变的增加，溶蚀作用面积也在不断变大，从而等效扩散系数增加较快。

图 5.18 中曲线的数学表达式为

$$\left.\frac{D^*(\bar{\varepsilon}^{p},t)}{D}\right|_{t=400}=2.71-\frac{704.35}{1+\exp\left(\frac{\bar{\varepsilon}^{p}-6.53}{0.39}\right)} \tag{5.70}$$

图 5.19 为当等效塑性应变 $\bar{\varepsilon}^{p}=7.2\%$时 D^*/D 与溶解时间 t 之间的关系。从

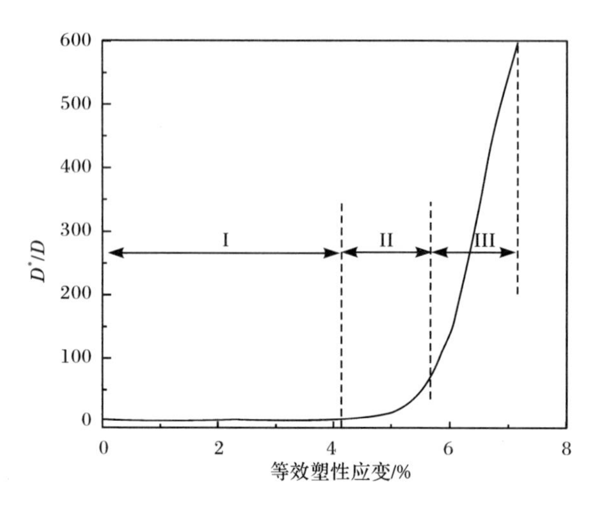

图 5.18　t=400s 时等效塑性应变与 D^*/D 之间的关系图

图 5.19 中可以看出，D^*/D 与溶解时间 t 之间的关系在趋势上也与图 3.9 中溶解质量与溶解时间 t 之间的关系基本一致，当轴向塑性应变一定时，随着溶解时间的增加，D^*/D 不断增加，并且其增长幅度也越来越大，这是因为随着溶解时间的增加，溶蚀作用面积不断变大，从而使得等效扩散系数不断变大。图 5.19 中曲线的数学表达式为

$$\left.\frac{D^*(\bar{\varepsilon}^{\mathrm{p}},t)}{D}\right|_{\bar{\varepsilon}^{\mathrm{p}}=7.2\%}=-13.48+16.02\exp\left(\frac{t}{1.1}\right) \tag{5.71}$$

式中：t 的单位为 10^2s。

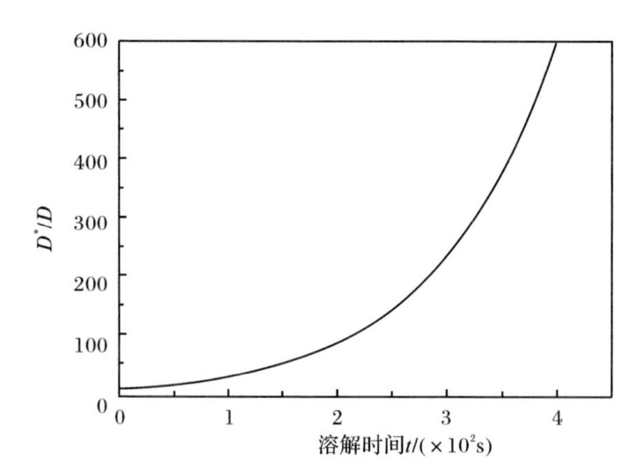

图 5.19　等效塑性应变为 7.2%时溶解时间 t 与 D^*/D 之间的关系图

4. 三轴应力条件下等效扩散系数计算

在三轴应力条件下，塑性特征量 Λ 可选择塑性体积应变 ε_v^p，基于三轴应力作用下岩盐溶蚀特性试验分析（即围压、塑性体积应变和溶解时间与溶解质量 m 之间的关系表达式(3.9)），可得出等效扩散系数 D^* 与围压 σ_3、塑性体积应变 ε_v^p、溶解时间 t 之间的定量关系 $D^*(\sigma_3, \varepsilon_v^p, t)$，其表达式为

$$\frac{D^*(\sigma_3, \varepsilon_v^p, t)}{D} = a(t) + \frac{b(t)}{1 + \exp(0.83\sigma_3)\exp\left(\frac{7.64 - \varepsilon_v^p}{0.943}\right)} \tag{5.72}$$

式中：$a(t) = 0.0042t^3 - 0.0371t^2 + 0.1482t + 1$；$b(t) = 0.3677t^2 + 5.3147t$；$\sigma_3$ 为围压，MPa；ε_v^p 为塑性体积应变，%；t 为溶解时间，10^2 s。

图 5.20 为溶解时间 900s 时，不同围压条件下等效扩散系数 D^* 与扩散系数 D 的比值 D^*/D 与塑性体积应变之间的关系图，图中曲线为试验数据拟合曲线。其他溶解时间(100s、200s、300s、600s)时不同围压条件下等效扩散系数 D^* 与扩散系数 D 的比值 D^*/D 与塑性体积应变之间的关系与图 5.20 相似。

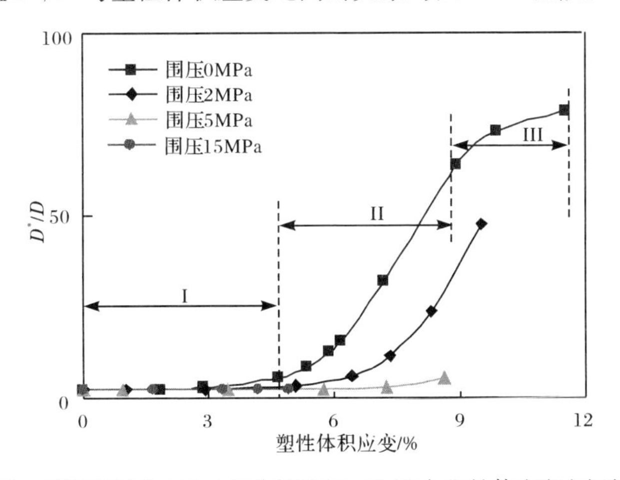

图 5.20　溶解时间为 900s 时不同围压下 D^*/D 与塑性体应变之间的关系

从图 5.20 中可以看出：

(1) 在相同的溶解时间下，不同的围压 σ_3 条件下，D^*/D 与塑性体积应变 ε_v^p 的变化规律有差异。如图 5.20 所示，当围压 $\sigma_3 = 0$ 时，D^*/D 与塑性体积应变 ε_v^p 之间的关系在趋势上与第 3 章中岩盐应力影响质量与塑性体应变之间的变化规律基本一致，也可以分为三个阶段：缓慢增长阶段（I 阶段），急剧变化阶段（II 阶段）以及最后的减缓阶段（III 阶段）；当围压 σ_3 为 2MPa、5MPa 时，D^*/D 随塑性体积应变 ε_v^p 的变化规律只有 I、II 阶段存在；当围压 σ_3 为 15MPa 时，只有 I 阶段存在。

造成这个现象的原因在于:塑性体应变与围压的值相关,随着围压的增加,受限于仪器量程,部分阶段塑性体应变值与溶蚀质量之间的关系无法获得,导致部分阶段的等效扩散系数无法继续计算。

(2) 在相同的溶解时间下,当围压一定时,随着塑性体积应变 ε_v^p 的增加,D^*/D 随之增加,在 I、II 阶段,随着塑性体积应变 ε_v^p 的增加,曲线的斜率不断增大;但在 III 阶段,随着塑性体积应变 ε_v^p 的增加,曲线不断变缓。

(3) 在相同的溶解时间下,当塑性体积应变 ε_v^p 给定时,随着围压 σ_3 的增加,D^*/D 不断减小。当围压 $\sigma_3=0$ 时,D^*/D 最大;当围压 $\sigma_3=15\text{MPa}$ 时,D^*/D 值最小。

图 5.21 为围压 2MPa 下不同塑性体应变时等效扩散系数 D^* 与扩散系数 D 的比值 D^*/D 与溶解时间之间的关系图,图中曲线为试验数据拟合曲线。其他围压(0MPa、5MPa、15MPa)条件下不同塑性体应变时等效扩散系数 D^* 与扩散系数 D 的比值 D^*/D 与溶解时间之间的关系与图 5.21 相似。从图 5.21 中可以看出:在围压和塑性体应变一定时,随着溶解时间的增加,D^*/D 值不断增加。

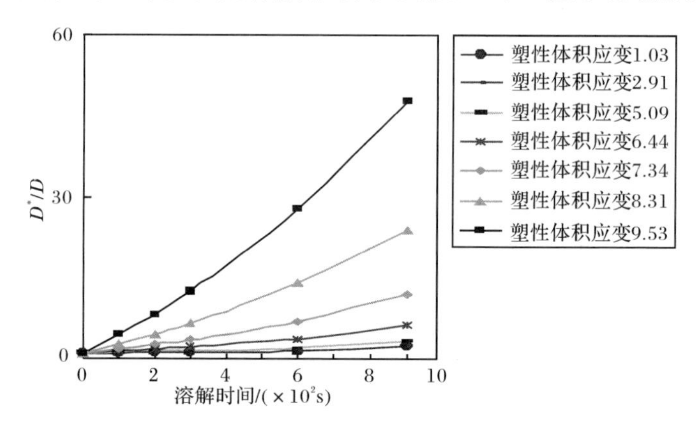

图 5.21 围压 2MPa 下不同塑性体积应变时 D^*/D 与溶解时间 t 的关系

5.6 本章小结

本章研究了应力作用下可溶岩溶蚀作用改变的机理,并提出了等效扩散系数这一概念,用于描述应力作用下单位溶蚀面积上的宏观溶蚀速率,它是围压、塑性特征量和溶解时间的函数;用等效扩散系数代替扩散系数,建立了应力作用下可溶岩溶蚀模型;基于试验结果,得到了等效扩散系数与围压、塑性特征量和溶解时间之间的关系表达式。

第 6 章　可溶岩应力-溶解耦合模型与围岩稳定性分析

由前面各章的分析可知，在实际情况下，可溶岩的应力作用和溶蚀作用是相互影响、相互制约的。基于第 3～5 章所获得的可溶岩应力-溶解耦合特性试验结果，以及所建立的溶蚀作用下可溶岩塑性力学模型、应力作用下可溶岩溶蚀模型，本章对可溶岩应力-溶解耦合模型进行研究，并建立溶蚀作用下可溶岩围岩稳定性分析方法。

6.1　可溶岩应力-溶解耦合模型及其分析方法

6.1.1　可溶岩应力-溶解耦合机理与模型

对于可溶岩溶蚀作用来说，应力的作用（特别是在产生塑性变形之后）对可溶岩溶蚀特性的影响是不可忽略的；反过来，溶蚀作用也会对可溶岩的力学性质产生明显的影响，会使可溶岩的宏观力学参数发生变化。因此，在实际可溶岩围岩稳定性分析中，必须考虑可溶岩应力与溶解的耦合效应所造成的影响。

可溶岩应力-溶解耦合机理在于：

一方面，在已具备的洞室形态条件下，可溶岩围岩由于应力作用产生大量的裂纹，围岩壁可溶岩与水接触后，水对裂纹和围岩壁表面产生溶蚀作用，造成围岩可溶岩力学性质发生变化，从而对整个可溶岩围岩的应力场、应变场造成影响，导致围岩中裂纹的发育与扩展受到影响。

另一方面，由于可溶岩围岩力学性质的变化，水对可溶岩的溶蚀作用受到影响，围岩内部裂纹溶蚀过程发生改变，从而进一步对可溶岩围岩的力学性质造成影响。

基于上述可溶岩应力-溶解耦合机理，并结合所获得的可溶岩应力-溶解耦合特性试验结果，以及所建立的溶蚀作用下可溶岩塑性力学模型、应力作用下可溶岩溶蚀模型，即可建立可溶岩应力-溶解耦合模型。需要说明的是，该模型忽略了溶蚀作用时间段可溶岩力学性质的时间效应。

6.1.2　溶蚀作用下可溶岩围岩稳定性分析方法的建立

与普通岩层中的地下工程相比，溶蚀作用下可溶岩围岩稳定性具有明显的特殊性和复杂性。从本质上来看，溶蚀作用下可溶岩围岩稳定性主要涉及两个方面：

(1) 对于实际的地下工程，围岩中的可溶岩溶蚀(相当于“开挖”)导致围岩内应力集中和围岩变形，发生损伤破坏，产生不同尺度的裂隙，形成一定深度的“开挖”损伤区，从而影响围岩的稳定性，这一过程与普通岩层中的地下洞室开挖是相似的。

(2) 地下水渗入到围岩的裂隙中，会使可溶岩裂隙溶解，裂隙开度和长度进一步增大，诱发宏观围岩应力调整，产生新的破坏和宏观变形，从而进一步影响围岩的稳定性，而普通岩层中的地下洞室开挖一般是不具有这一过程的。

因此，在一般条件下，普通岩层中地下洞室开挖过程中的围岩稳定性分析只需考虑围岩的应力作用或应力和渗流耦合作用即可，而可溶岩围岩稳定性分析不仅要考虑围岩的应力作用或应力和渗流耦合作用，还必须考虑可溶岩裂隙的溶蚀作用。

基于上述分析，并结合可溶岩应力-溶解耦合模型，可溶岩应力-溶解耦合特性试验结果，以及所建立的溶蚀作用下可溶岩塑性力学模型、应力作用下可溶岩溶蚀模型，溶蚀作用下可溶岩围岩稳定性分析方法如下：

(1) 考虑溶蚀作用对围岩壁可溶岩损伤特性的影响，不考虑围岩溶解与力学的耦合行为，结合溶蚀作用下可溶岩力学特性的变化规律以及溶蚀作用下可溶岩塑性力学模型，对可溶岩围岩的稳定性进行模拟。

(2) 根据上一步的可溶岩围岩稳定性模拟计算结果，结合应力作用下可溶岩溶蚀特性的变化规律以及应力作用下可溶岩溶蚀模型，对可溶岩溶蚀过程进行模拟，计算可溶岩宏观溶蚀速率。

(3) 利用所建立的可溶岩宏观溶蚀速率与其损伤特性之间的定量关系(即可溶岩应力-溶解耦合特性试验结果)来动态修正围岩壁可溶岩的损伤特性参数，并反馈给围岩力学稳定过程分析进行循环迭代平衡计算。

依据上述所建立的溶蚀作用下可溶岩围岩稳定性分析方法，选择盐腔围岩为研究对象，对应力-溶解耦合作用下的盐腔围岩稳定性进行了分析；选择石膏围岩为研究对象，对溶蚀作用下含石膏岩层围岩的稳定性进行了分析。下面将详细介绍应力-溶解耦合作用下的盐腔围岩稳定性分析以及溶蚀作用下含石膏岩层围岩的稳定性分析的具体内容。

6.2 应力-溶解耦合作用下的盐腔围岩稳定性分析

选择盐腔围岩为研究对象，根据所建立的溶蚀作用下可溶岩围岩稳定性分析方法，通过模拟盐腔水溶建腔工艺，对应力-溶解耦合作用下的盐腔围岩稳定性进行分析。

6.2.1　盐腔水溶建腔工艺简介

建造一座盐腔，首先要选定适合建设盐腔的盐层，完成钻井固井工艺后，然后注入淡水进行循环，滤洗出大小和形状符合设计要求的盐腔，同时排出并处理盐水。建造盐腔的具体步骤为：选址、建腔方案设计、钻井、滤洗溶腔、处理盐水以及最后投入运行。滤洗溶腔的过程实际上就是不断对盐腔围岩（介质为岩盐）进行溶解"开挖"的过程。

盐腔的建腔方案可分为单井建腔和双井建腔方案。单井建腔方案是钻一口井，注采系统为同心管柱结构。双井建腔方案是钻两口井，一口水平井，一口垂直井，两口井在井底互相连通，注采方式一般是将淡水由水平井的水平段注入，盐水由垂直井井底抽出。一般地，工程上多采用单井建腔方案，单井建腔基本结构如图6.1所示。

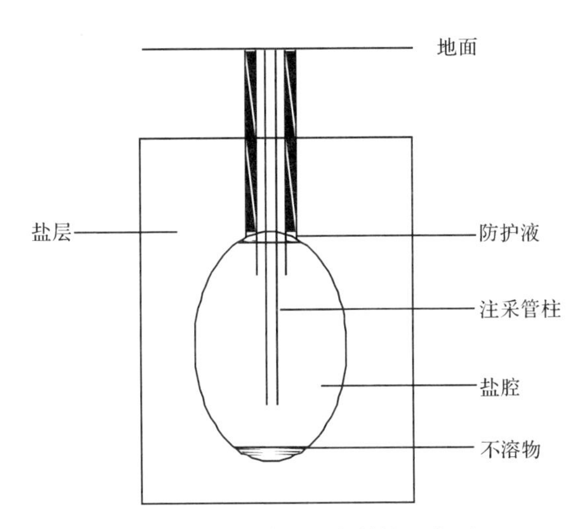

图6.1　单井建腔基本结构示意图

采用单井建腔方案时，滤洗过程中将淡水注入盐腔，同时通过与注入管柱同心的流通管柱采出饱和盐水。滤洗方式有两种：一种是直接滤洗方式，即淡水由中心管注入，盐水由套管环孔抽出，称之为正循环；另一种是间接滤洗方式，即淡水由套管环孔注入，盐水由中心管抽出，也称之为反循环。

滤洗过程中岩盐中的不溶物杂质由于重力作用，沉积于盐腔底部，称为沉井。为了防止盐腔顶部直接与淡水接触而不利于控制其几何形状，一般通过位于注采管柱外面的第二个同心环孔加注保护性液体，称为防护液。随着滤洗过程的不断进行和盐水的不断采出，盐腔体积不断扩大；根据需要，改变防护液的位置，可以对盐腔进行分阶段溶蚀;适当控制每个溶蚀阶段的滤洗作业时间以及其他滤洗工艺参数如淡水排量、注采管柱的相对位置以及循环方式,可以控制采出盐水的浓度以及盐腔不同位置的溶蚀速率,使盐腔达到预期的体积和形状。

6.2.2　应力-溶解耦合作用下的盐腔水溶建腔机制

在盐腔水溶建腔过程中,应力-溶解耦合作用下的盐腔围岩稳定性分析在于:

一方面,在已具备的盐腔形态条件下,盐腔围岩由于应力作用产生大量的裂纹,腔壁围岩与水接触后,水对裂纹和盐腔表面产生溶蚀作用,并在盐腔围岩中形成一定的溶蚀影响范围。在水的溶蚀影响范围之内,腔壁围岩由于溶蚀作用的影响,其在水的溶蚀影响范围内的围岩区域的岩盐的力学性质发生变化,从而对整个盐腔围岩的应力场、应变场造成影响;

另一方面,由于盐腔边界处围岩力学性质的变化,水对盐腔边界处围岩的溶蚀作用受到影响,盐腔内部溶蚀过程发生改变,从而对盐腔形态产生不可忽略的影响。

从以上分析中可知,在盐腔水溶建腔过程中,盐腔形态以及盐腔围岩力学性质之间相互影响、相互制约。

6.2.3　应力-溶解耦合作用下的盐腔围岩稳定性分析方法的建立

根据应力-溶解耦合作用下的盐腔水溶建腔机制,以及溶蚀作用下可溶岩围岩稳定性分析方法,针对实际的盐腔水溶单井建腔工艺,对应力-溶解耦合作用下的盐腔围岩稳定性进行计算分析。

1. 计算思路

应力-溶解耦合作用下的盐腔围岩稳定性计算分析可采用如下计算思路:

(1) 给定初始的盐腔形态,对盐腔围岩的初始应力场、应变场进行计算,计算时采用溶蚀前围岩介质岩盐的力学性质参数。

(2) 盐腔围岩与水接触后,盐腔围岩受水影响范围内的岩盐力学性质参数发生变化。基于溶蚀作用下岩盐塑性力学模型,对溶蚀作用下盐腔围岩进行力学计算。

(3) 依据溶蚀后围岩应力应变分布,以及应力作用下的岩盐溶蚀模型,进行应力作用下盐腔形状计算,获取一定溶解时间之后的盐腔形状变化。第(1)、(2)、(3)步可合并称为第一循环步。

(4) 基于已改变的盐腔形状,以及溶蚀作用下岩盐塑性力学模型,对盐腔围岩进行进一步的力学计算。继而进行进一步的应力作用下盐腔形状计算。该步可称为第二循环步。

(5) 重复第二循环步的计算步骤，通过不断的循环计算，即可对应力-溶解耦合作用下的盐腔水溶建腔过程进行计算，从而对应力-溶解耦合作用下的盐腔围岩稳定性进行分析。

2. 计算模型的建立

1) 模型的基本假设

考虑到计算的需要，可作如下简化和基本假设：

(1) 忽略岩盐结晶方向、层理等微构造的各向异性对溶蚀过程的影响，假设岩盐是各向同性的均质材料。

(2) 不考虑岩盐的流变特性等具时间效应的力学特性。

(3) 忽略温度对岩盐力学性质以及岩盐溶蚀过程的影响。

(4) 假设岩盐地层无杂质。

(5) 假设溶蚀过程中，盐腔的腔体形态为轴对称结构。

(6) 忽略地层倾角等地质因素对盐腔水溶建腔过程的影响。

(7) 忽略初始地应力场对盐腔初始形状的影响。

(8) 假设在盐腔内部进行溶解时，水影响范围以外的岩盐的力学性质不受水的影响。

(9) 假设盐腔中流体运动为层流流动。

2) 几何模型

针对实际的单井盐腔水溶建腔工艺，本章取如图6.2所示的二分之一物理模型进行计算。图6.2中盐腔的初始形态为一球形，P_0 为上覆均布荷载，P_1 为侧压

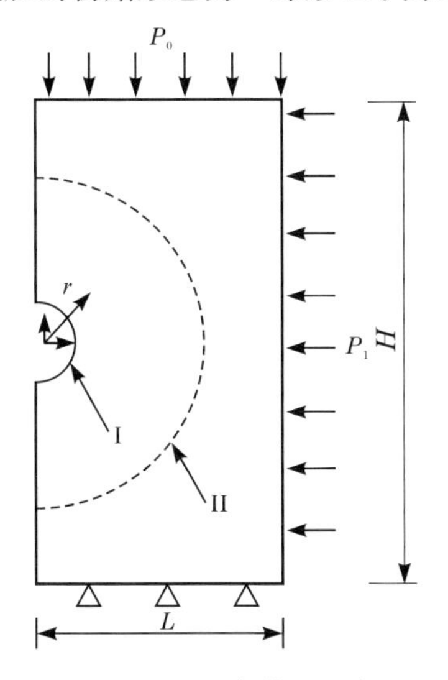

图6.2　盐腔几何模型示意图

力，I 代表盐腔初始位置，II 代表预定溶腔范围线，所建立的坐标系原点在盐腔的中心点。在图 6.2 中，由于所建立的计算模型的高度 H 较小，故可近似认为侧压力 P_1 为均布荷载。

3）盐腔围岩区域网格划分

对盐腔围岩区域网格划分的规则如下：

（1）沿盐腔围岩边界，边界网格均匀划分。

（2）盐腔围岩边界网格的外法线方向过盐腔的中心点。

（3）在初始盐腔至预定溶腔范围线内部的区域，采用等间距的环向网格划分方式进行网格划分。

依照上述网格划分规则，对盐腔围岩区域进行网格划分，其网格划分示意图如图 6.3 所示。

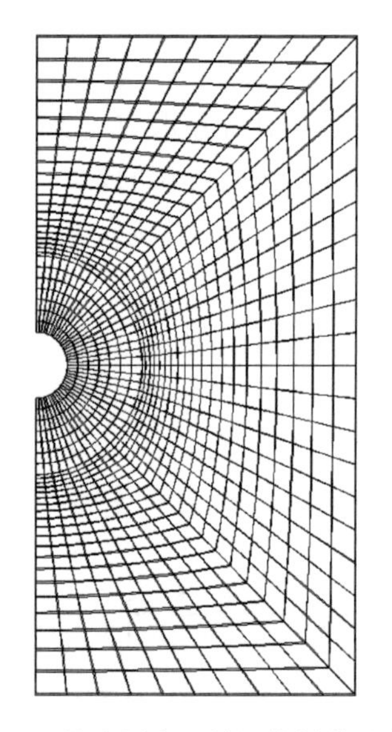

图 6.3　盐腔围岩区域网格划分示意图

6.2.4　具体计算步骤

为了计算应力-溶解耦合作用下的盐腔围岩稳定性，编制了有限差分计算程序来计算应力-溶解耦合作用下的盐腔形态变化，以及不同溶腔形态时的围岩应力场和应变场。具体计算步骤如下：

1. 第一循环步的计算

1）无溶蚀作用下岩盐力学计算

给定初始的盐腔形态，对盐腔围岩的初始应力场、应变场进行计算。采用的力学模型是应变硬化-软化模型，应用 FLAC 计算软件进行数值计算，黏聚力随着等效塑性应变的变化可采用式(4.7)中溶解前的计算公式来计算。

2）将盐腔充满水，忽略充水过程对盐腔形状的影响

3）溶蚀作用下岩盐力学模型的计算

盐腔围岩与水接触后，假定盐腔围岩受水影响范围为盐腔围岩边界单元。依据溶蚀作用下可溶岩塑性力学模型，对溶蚀作用下盐腔围岩进行力学计算，具体计算步骤如下：

(1) 改变盐腔围岩边界单元的黏聚力参数值，在水影响作用范围内的盐腔围岩边界单元的黏聚力值采用式(4.7)中溶解后的黏聚力值计算公式来计算。

(2) 对于在水影响范围以外的盐腔围岩单元，黏聚力值采用式(4.7)中溶解前的计算公式来计算。

(3) 使用 FLAC 计算软件对盐腔围岩的应力场和应变场重新计算。

(4) 给出围岩边界单元的等效塑性应变值。

4）应力作用下盐腔形状计算

基于所给出的围岩边界单元等效塑性应变值，将盐腔内流体区域单独考虑，近似模拟水溶建腔工艺，对盐腔内流体区域的浓度场进行计算，进而可得到盐腔形状的变化。具体计算过程如下：

(1) 建立盐腔内流体区域计算模型。

单独考虑盐腔内的流体区域，建立的计算模型如图 6.4 所示。图中 Ω 为流体区域；Γ_1 为不溶边界；Γ_2 为侧溶边界，即盐腔围岩边界；A、B 为 Γ_1 和 Γ_2 的交点。需要说明的是：侧溶边界 Γ_2 的形状随着溶蚀作用而不断变化。

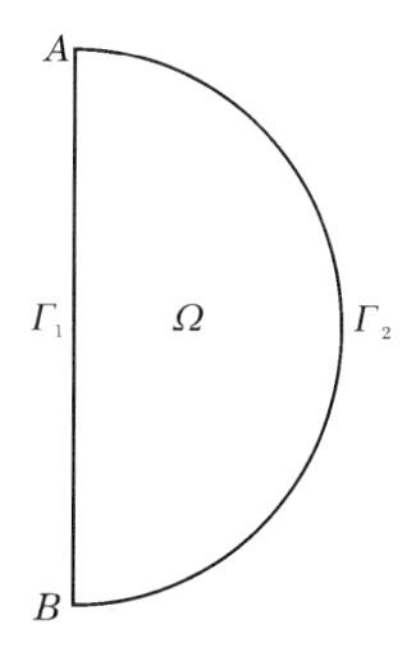

图 6.4　流体区域计算模型示意图

在初始时刻(初始条件),流体区域 Ω 内初始的浓度场 C 和速度场 u 均为零,可标记为

$$\begin{cases} C|_{\Omega,t=0}=0 \\ u|_{\Omega,t=0}=0 \end{cases} \tag{6.1}$$

对于计算模型的边界条件,速度边界条件在盐腔边界表面上可取无滑移边界条件,即

$$u|_{\Gamma_2}=0 \tag{6.2}$$

浓度边界条件为:Γ_2 为溶蚀表面,溶蚀表面浓度可以取为常数,即饱和浓度;Γ_1 为不渗透边界。可标记为

$$\begin{cases} C|_{\Gamma_2}=C_s \\ \left.\dfrac{\partial C}{\partial n}\right|_{\Gamma_1}=0 \end{cases} \tag{6.3}$$

由于在侧溶边界上速度为 0,故可以采用单轴压缩条件下岩盐应力-溶解耦合效应的细观力学试验结果来计算盐腔围岩边界上不同等效塑性应变下岩盐的溶蚀速率。

(2) 流体区域网格划分。

① 流体区域网格划分与盐腔围岩区域的网格划分不同,两者只是共用一个盐腔边界。

② 流体区域用四边形网格进行划分,靠近 Γ_2 的区域网格小而密,远离 Γ_2 的区域网格大而疏。

(3) 应力作用下盐腔形状计算。

① 根据所给出的围岩边界单元的等效塑性应变值,盐腔侧溶边界处的等效扩散系数 D^* 值采用式(5.69)计算。

② 应力作用下岩盐溶蚀模型计算。

将所确定的 D^* 值代入应力作用下岩盐溶蚀模型中,对盐腔内流体区域内浓度场进行计算,可求得时间 t 内浓度场的变化,时间 t 为这一循环步中岩盐溶解过程的总时间。应力作用下岩盐溶蚀模型的计算方法详见第 5 章。

③ 盐腔形状计算。

溶解厚度 R 与侧溶边界 Γ_2 处浓度梯度之间的计算公式为

$$\frac{\mathrm{d}R^*(\bar{\varepsilon}^p,t)}{\mathrm{d}t}=-D^*(\bar{\varepsilon}^p,t)\frac{M}{\rho_s}\left.\frac{\partial C}{\partial \boldsymbol{n}}\right|_{\Gamma_2} \tag{6.4}$$

根据式(6.4)可以计算出溶解时间 t 所溶解掉的 R 值,进而求得侧溶边界 Γ_2 的形状变化。

④ 物质平衡检验。

根据物质平衡原理,对整个盐腔流体计算区域进行总质量的守恒检验。假定

在 t_{n+1} 时刻进行质量守恒检验，定义相对误差进行物质平衡检验：

$$\delta M^{n+1}=\frac{\Delta M^{n+1}}{M^{n+1}}<\varepsilon_M \tag{6.5}$$

式中：ε_M 为质量守恒许可误差，如果计算出来的结果不符合式(6.5)，则调整计算，控制和调整时间步长和单元大小；M^{n+1} 为 t_{n+1} 时刻实际计算的总质量值；ΔM^{n+1} 的计算公式为

$$\Delta M^{n+1}=M^{n+1}-M^0+M_{出}^{n+1}-M_{入}^{n+1} \tag{6.6}$$

式中：M^0 为初始状态的总质量；$M_{出}^{n+1}$ 为 t_{n+1} 时刻流出的总质量；$M_{入}^{n+1}$ 为 t_{n+1} 时刻流入的总质量。

⑤ 溶解时间 t 的控制。

溶解时间 t 的选择取决于所溶解掉的岩盐厚度，当盐腔侧溶边界处的溶解厚度 $R>d$（d 为围岩边界单元厚度）时，则认为盐腔内流体的溶蚀计算停止，从而确定溶解时间 t。

至此，第一循环步的计算结束，盐腔围岩的应力应变场以及盐腔形状已发生了变化。

2. 第二循环步的计算

(1) 导入上一循环步中计算出来的盐腔形状。

(2) 进行溶蚀作用下盐腔围岩力学计算。

计算过程如下：

① 将上一大步中溶解掉的盐腔围岩边界单元“开挖”，在FLAC计算中对这些单元赋NULL，并算出此时围岩中的等效塑性应变分布。

② 由于溶解“开挖”，盐腔围岩边界发生了变化，变化后的盐腔围岩边界单元的参数黏聚力值采用式(4.7)中溶解后的黏聚力值计算公式来计算。

③ 对于在水影响范围以外的盐腔围岩单元，其黏聚力值采用式(4.7)中溶解前的计算公式来计算。

④ 使用FLAC计算软件计算出溶蚀作用下围岩边界单元的等效塑性应变 $\bar{\varepsilon}^{p}$ 值。

(3) 进行应力作用下盐腔形状计算。

基于上一循环步所计算出的盐腔形状，对盐腔流体区域建立计算模型，划分网格；基于溶蚀作用下围岩边界单元的 $\bar{\varepsilon}^{p}$ 值，采用式(5.69)来确定盐腔侧溶边界处的 D^* 值；根据应力作用下岩盐溶蚀模型以及 D^* 值，对浓度场以及盐腔形态进行计算，同时进行溶解计算中时间步长的控制以及物质平衡检验。

在第二循环步中，计算过程基本与上一循环步相同，假设条件、控制条件也与上步相同。

3. 后续循环步的计算

紧接着的计算步骤就是第二循环步的重复，通过不断的循环计算，就可以得到不同溶解时间下盐腔形状的变化。当盐腔围岩边界达到预定的溶腔范围线时停止计算。

所采用的应力-溶解耦合作用下的盐腔形态变化计算程序流程图如图 6.5 所示，应力作用下盐腔形状计算模块的流程如图 6.6 所示，溶蚀作用下盐腔围岩力学模型计算模块的流程如图 6.7 所示。

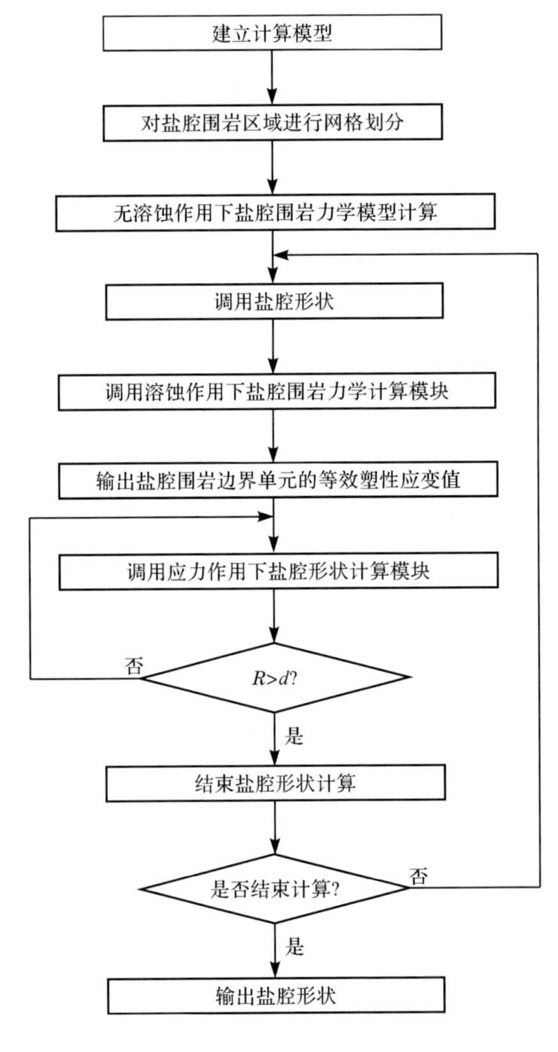

图 6.5　应力-溶解耦合作用下的盐腔形态变化计算程序流程

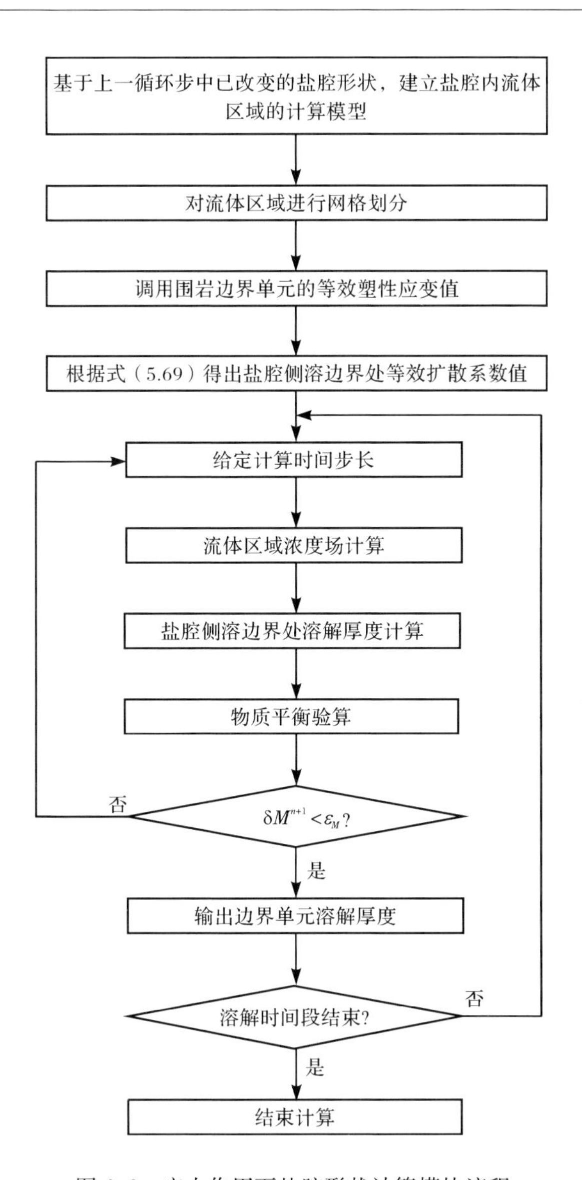

图 6.6 应力作用下盐腔形状计算模块流程

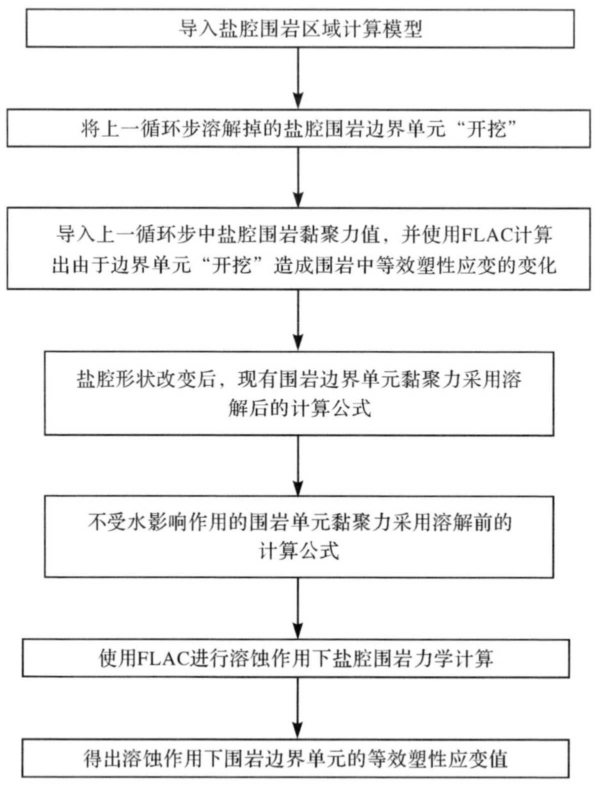

图 6.7　溶蚀作用下盐腔围岩力学计算模块流程

6.2.5　应力-溶解耦合与纯溶解作用下盐腔水溶建腔计算结果比较

为了更加清晰地反应应力-溶解耦合作用对盐腔水溶建腔过程的影响，对应力-溶解耦合与纯溶解作用下盐腔水溶建腔的计算结果进行对比分析。

1. 纯溶解作用下盐腔水溶建腔计算步骤

纯溶解作用下盐腔水溶建腔过程的计算在建立的计算模型、流体区域网格划分以及盐腔内流体区域计算模型的初始条件、边界条件，以及模型假设等方面，与应力作用下盐腔形状计算基本一致，两者之间最主要的不同在于：在纯溶解作用下盐腔水溶建腔过程的计算中，盐腔侧溶边界处扩散系数是相同的，都取纯溶解状态下的扩散系数 D，其值不受应力因素的影响。纯溶解作用下盐腔水溶建腔过程的计算程序流程如图 6.8 所示。

纯溶解作用下盐腔水溶建腔过程的具体计算步骤如下：

(1) 建立纯溶解作用下盐腔内流体区域的计算模型，其初始的计算模型如

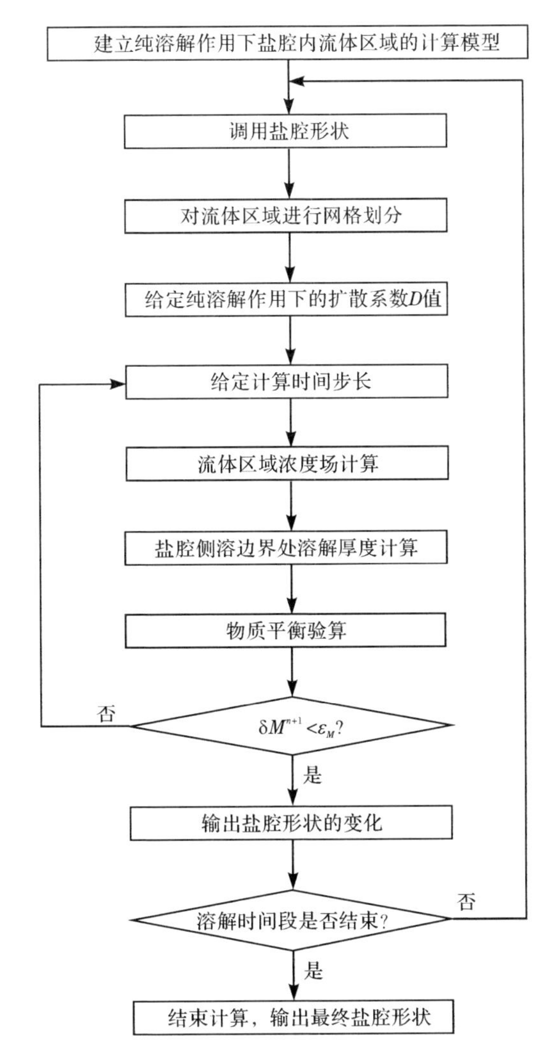

图 6.8　纯溶解作用下盐腔形状计算程序流程

图 6.4 所示。

(2) 调用盐腔形状。

(3) 给定纯溶解作用下盐腔侧溶边界处的扩散系数 D,对每一个时间步长内盐腔内流体区域的浓度场变化进行计算。

(4) 计算出盐腔侧溶边界处的溶解厚度。

(5) 得出盐腔形状。

(6) 溶解时间步长以及物质平衡检验与上述应力作用下盐腔形状计算中的一致。

2. 计算结果对比

盐腔计算模型的具体参数为:高度 $H=60\text{m}$,宽度 $L=30\text{m}$,初始盐腔的半径 $r=2.5\text{m}$,预定盐腔范围线的半径 $R=10\text{m}$,上覆均布荷载 $P_0=25\text{MPa}$,侧压力 $P_1=30\text{MPa}$,岩盐密度 $\rho_s=2160\text{kg/m}^3$。在初始溶腔和预定溶腔范围线之内的区域,采用等间距的环向网格进行划分,其厚度均为 $d=20\text{cm}$。

通过应力-溶解耦合与纯溶解作用下盐腔水溶建腔计算,所取得的不同循环步时应力-溶解耦合与纯溶解作用下盐腔形状变化如图 6.9 所示;所取得的不同循环步时应力-溶解耦合作用下盐腔围岩区域的等效塑性应变分布变化如图 6.10 所示。

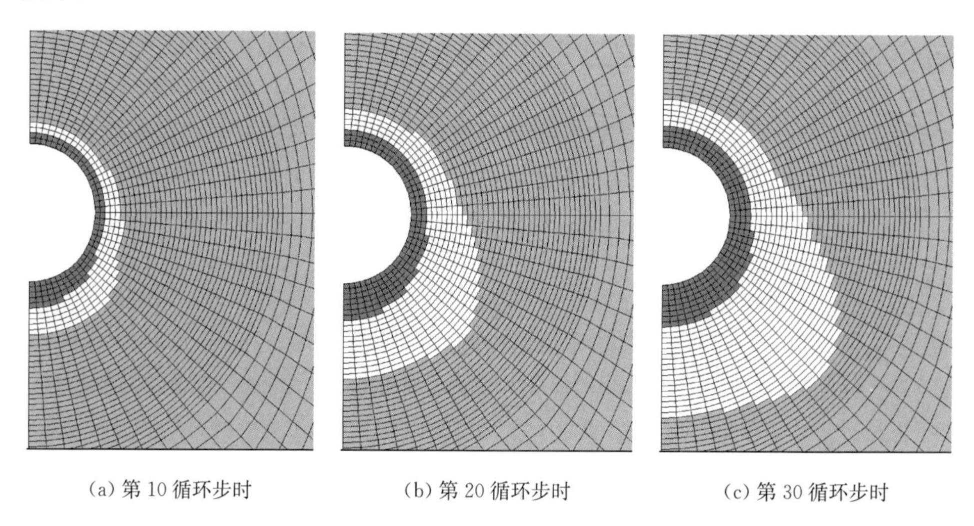

(a) 第 10 循环步时　　(b) 第 20 循环步时　　(c) 第 30 循环步时

图 6.9　不同循环步时应力-溶解耦合与纯溶解作用下盐腔形状变化

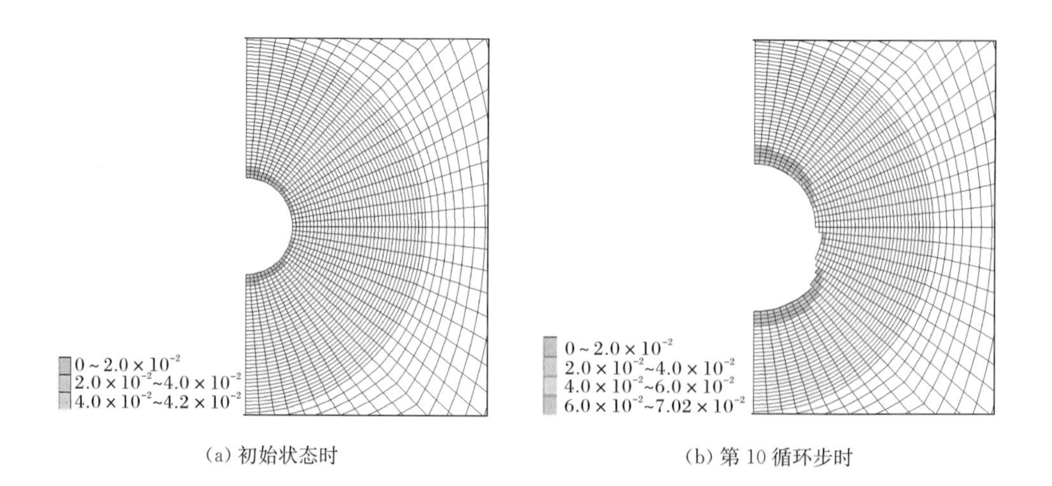

(a) 初始状态时　　(b) 第 10 循环步时

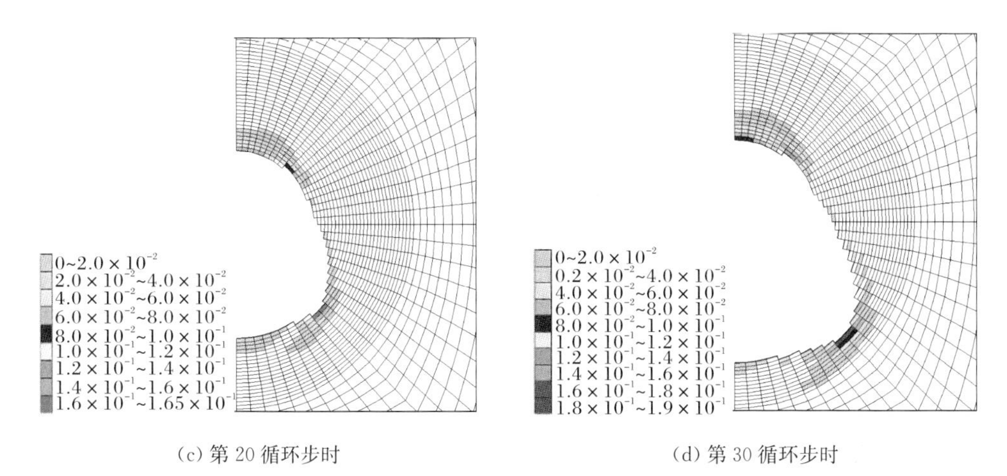

(c) 第 20 循环步时　　(d) 第 30 循环步时

图 6.10　不同循环步时应力-溶解耦合作用下盐腔围岩区域等效塑性应变变化(见彩图 6.10)

在图 6.9 中,紧邻初始盐腔壁的深色区域代表不同循环步时纯溶解作用下盐腔被溶解掉的区域,白色的区域与紧邻初始盐腔壁的深色区域之和代表不同循环步时应力-溶解耦合作用下盐腔被溶解掉的区域,灰色区域则代表不同循环步时未溶解的围岩区域。

从图 6.9 和图 6.10 中可以看出:

(1) 随着溶蚀作用的进行,盐腔围岩中的等效塑性应变分布发生了很大的变化,并且随着盐腔形状的变化,在盐腔形状改变最大的地方,围岩中的等效塑性应变也急剧变化。

(2) 在相同条件下,应力-溶解耦合作用下盐腔的溶蚀速率比纯溶解作用下盐腔的溶蚀速率快,且在应力-溶解耦合作用下所溶解的岩盐区域要比纯溶解作用下所溶解的区域大。

(3) 随着计算循环步的增加,盐腔右下方的围岩边界单元的等效塑性应变发生明显变化,并且使得应力-溶解耦合作用下盐腔被溶解掉的区域(即白色区域)在右下方变化更为突出。

造成该现象的原因在于:应力-溶解耦合作用下,首先由于初始状态下围岩边界单元的等效塑性应变分布不同,造成不同围岩边界单元处溶蚀速率也不相同,从而使盐腔形状发生了改变;继而,由于盐腔形状发生了改变,其围岩边界单元处的等效塑性应变分布也随之发生改变。在等效塑性应变大的地方,溶蚀速率变大,使得此处溶腔形状变化加大;而由于溶腔形状变化加大,则此处发生应力集中,等效塑性应变值会变得更大,这样就会进一步加大此处溶腔形状的变化。

(4) 应力-溶解耦合作用、纯溶解作用下计算得到的盐腔形状,都为上小下大,但存在着较大的差别。纯溶解作用下计算得到的盐腔形状为鸡蛋状,而应力-溶解耦合作用下计算得到的盐腔形状为梨形，并且比纯溶解作用下计算得到的盐腔的下端更扁更宽。

图 6.11 是在应力-溶解耦合作用、纯溶解作用下计算得到的盐腔形状与实际盐腔形状的对比图，图 6.11(a)中曲线 I 是纯溶解作用下计算得到的盐腔形状，曲线 II 是应力-溶解耦合作用下计算得到的盐腔形状，图中的竖向虚线代表中心轴；图 6.11(b)为实际溶腔形状[86]。从图 6.11 中可以看出应力-溶解耦合作用下计算得到的盐腔形状与实际溶腔形状较为符合。

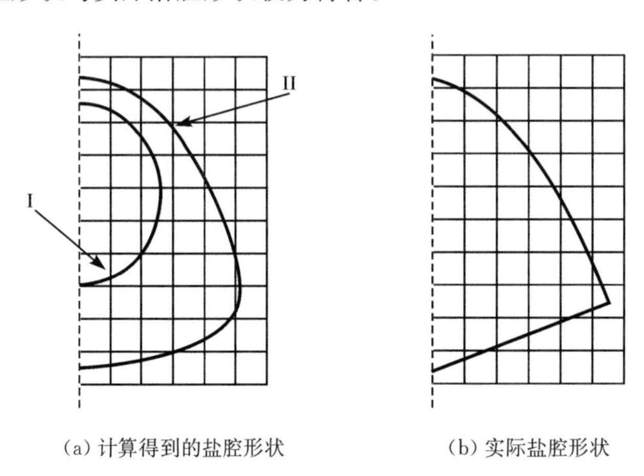

(a) 计算得到的盐腔形状　　(b) 实际盐腔形状

图 6.11　应力-溶解耦合作用、纯溶解作用下计算得到的盐腔形状与实际盐腔形状对比

通过上述计算分析，可以得出：

(1) 在盐腔水溶建腔过程中，应力-溶解耦合作用下计算所得到的结果较为符合实际。

(2) 应力-溶解耦合作用下盐腔围岩稳定性的动态变化规律在于，随着溶蚀作用下盐腔形状的变化，在盐腔形状改变最大的地方，发生应力集中，等效塑性应变值会变得更大，从而进一步增强该处的溶蚀作用，导致盐腔围岩稳定性持续弱化。

6.3　溶蚀作用下含石膏岩层围岩稳定性分析

选择石膏围岩为研究对象，根据所建立的溶蚀作用下地下工程可溶岩围岩稳定性分析方法，采用溶蚀作用下可溶岩塑性力学模型，考虑石膏岩层的不同分布状况，半定性半定量地分析溶蚀作用下含石膏岩层围岩稳定性(即围岩的等效塑性应变、塑性区范围以及破坏接近度等分布规律)随溶蚀时间的动态变化过程，从而获取溶蚀作用下含石膏岩层围岩稳定性的变化特征。

6.3.1 具体计算过程

1. 计算思路

根据所建立的溶蚀作用下可溶岩围岩稳定性分析方法，以及溶蚀作用下石膏岩力学参数变化规律，溶蚀作用下含石膏岩层围岩稳定性计算流程如图 6.12 所示，具体计算过程如下：

(1) 溶蚀时间 $t=0$(即初始状态)时，使用无溶蚀作用下石膏岩塑性力学模型以及所确定的无溶蚀作用下石膏岩力学参数(见式(2.134)和式(2.135))，进行无溶蚀作用下含石膏岩层围岩稳定性计算，获取初始状态下计算结果(即围岩的等效塑性应变、塑性区范围以及破坏接近度等分布规律)。

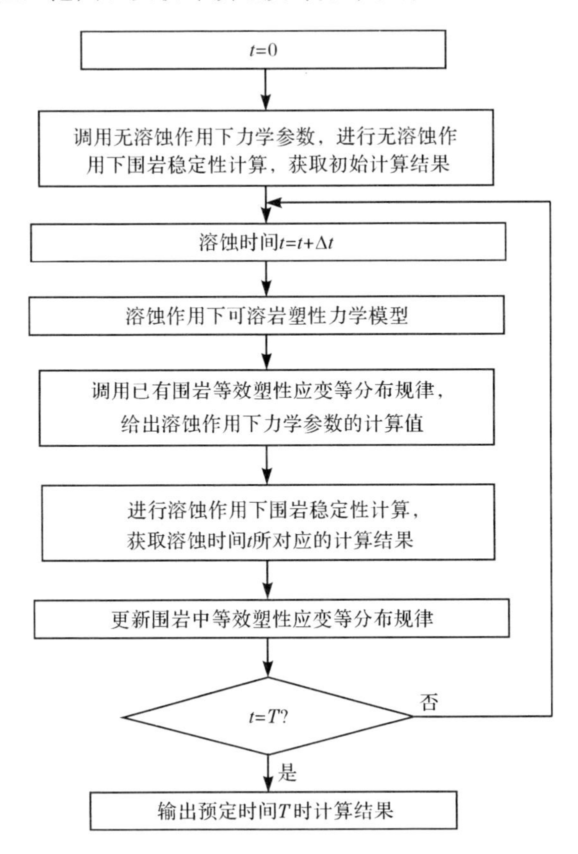

图 6.12　溶蚀作用下含石膏岩层围岩稳定性计算流程

(2) 当溶蚀时间 $t=\Delta t$ 时，考虑到含石膏岩层围岩的力学参数受到溶蚀作用的影响，使用溶蚀作用下可溶岩塑性力学模型对围岩稳定性进行计算。首先调用已有围岩等效塑性应变等分布规律，根据所获得的溶蚀作用下石膏岩力学参数变化规律（即式(4.8)），给出溶蚀作用下力学参数的计算值；然后根据所给定的溶蚀作用下力学参数值，进行溶蚀作用下围岩稳定性计算，获取溶蚀时间 Δt 所对应的计算结果（如围岩的等效塑性应变、塑性区范围以及破坏接近度等分布规律）。

(3) 随着溶蚀时间的不断增加（即 $t=t+\Delta t$），根据前一步计算时所获取的等效塑性应变等分布规律来更新溶蚀作用下石膏岩力学参数的计算值；然后根据所更新的力学参数值，进行溶蚀作用下围岩稳定性分析，并进一步更新围岩中等效塑性应变等分布规律；当溶蚀时间达到预定时间 T 时，可输出预定时间 T 时计算结果。根据上述循环计算结果，即可获得溶蚀作用下含石膏岩层围岩稳定性随溶蚀时间的动态变化过程。

2. 计算模型的建立

石膏岩层多呈层状分布，且多近水平分布，本书针对水平层状分布的石膏岩层进行分析。本次分析考虑以下五种石膏岩层的分布状况：

① 单层，石膏岩层位于隧洞中部（以与隧洞圆心的垂直方向的相对位置进行标记，可标记为 $Z=0$）。

② 单层，石膏岩层位于隧洞上中部（可标记为 $Z=4$m）。

③ 单层，石膏岩层位于隧洞顶部 1/4 洞直径处（可标记为 $Z=12$m）。

④ 单层，石膏岩层位于隧洞顶部 1/2 洞直径处（可标记为 $Z=16$m）。

⑤ 两层，一层位于隧洞上中部（可标记为 $Z=4$m），另一层位于隧洞顶部 1/4 洞直径处（可标记为 $Z=12$m）。

计算模型在 x 方向和 z 方向取 160m，在 y 方向（隧洞轴线方向）取单位厚度 1m，隧洞直径 16m，以石膏岩层的第④种分布状况为例，所采用的计算模型、网格、计算坐标系及模型尺寸如图 6.13 所示，所采用的地应力分量如表 6.1 所示。

表 6.1 本次分析所采用的地应力分量

σ_x/MPa	σ_y/MPa	σ_z/MPa	τ_{xy}/MPa	τ_{yz}/MPa	τ_{xz}/MPa
−24.31	−38.58	−29.67	−0.53	−1.08	4.74

注："−"代表压应力。

6.3.2 含石膏岩层围岩稳定性随溶蚀时间的动态变化过程分析

不同石膏岩层的分布状况下，围岩中等效塑性应变与塑性区随溶蚀时间的动态变化规律如表 6.2 所示，围岩中破坏接近度随溶蚀时间的动态变化规律如表 6.3 所示。

破坏接近度既可评价塑性围岩的损伤程度，也可评价弹性围岩中的应力集中

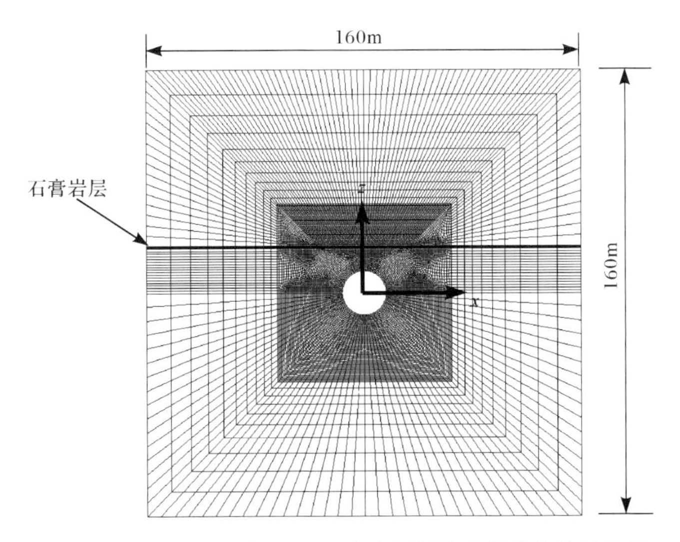

图 6.13　计算模型网格图(以石膏岩层的第④种分布状况为例)

程度,即接近屈服面的程度[116]。此概念相应于 Mohr-Coulomb 屈服准则的基本计算公式为

$$\mathrm{FAI}=\begin{cases}\omega, & 0\leqslant\omega<1\\ 1+FD, & \omega=1,\mathrm{FD}\geqslant 0\end{cases} \tag{6.7}$$

$$\omega=1-\mathrm{YAI} \tag{6.8}$$

$$\mathrm{YAI}=\frac{\dfrac{I_1\sin\phi}{3}+\left(\cos\theta_\sigma-\dfrac{\sin\phi}{\sqrt{3}}\right)\sqrt{J_2}-c\cos\phi}{\dfrac{I_1\sin\phi}{3}-c\cos\phi} \tag{6.9}$$

$$FD=\frac{\bar{\gamma}_{\mathrm{p}}}{\bar{\gamma}_{\mathrm{p}}^{\mathrm{r}}} \tag{6.10}$$

式中:FAI 为破坏接近度;ω 为屈服接近度(YAI)的相补参数;FD 为破坏度;c、ϕ 为岩土材料的黏聚力及内摩擦角;$\bar{\gamma}_{\mathrm{p}}$ 为塑性剪应变,$\bar{\gamma}_{\mathrm{p}}=\sqrt{\frac{1}{2}e_{ij}^{\mathrm{p}}e_{ij}^{\mathrm{p}}}$,塑性偏应变 $e_{ij}^{\mathrm{p}}=\varepsilon_{ij}^{\mathrm{p}}-\varepsilon_m^{\mathrm{p}}\delta_{ij}$;$\bar{\gamma}_{\mathrm{p}}^{\mathrm{r}}$ 为材料的极限塑性剪应变。

根据式(6.7)~式(6.10)可计算围岩破坏接近度的分布。

综合所获得的围岩中等效塑性应变、塑性区以及破坏接近度随溶蚀时间的动态变化规律,对不同石膏岩层的分布状况下含石膏岩层围岩稳定性随溶蚀时间的动态变化规律分析如下:

1) 相同石膏岩层分布状况下

(1) 从围岩整体的角度,在相同石膏岩层分布状况下,随着溶蚀时间的增加,

表 6.2　围岩中等效塑性应变与塑性区随溶蚀时间的动态变化规律

条件	石膏岩层分布状况为第①种			
	无溶蚀时	溶蚀时间 $=t_0$	溶蚀时间 $=2t_0$	溶蚀时间 $=4t_0$
等效塑性应变	最大值 3.64%	最大值 3.84%	最大值 3.89%	最大值 4.07%
塑性区				

续表

条件	石膏岩层分布状况为第②种			
	无溶蚀时	溶蚀时间$=t_0$	溶蚀时间$=2t_0$	溶蚀时间$=4t_0$
等效塑性应变	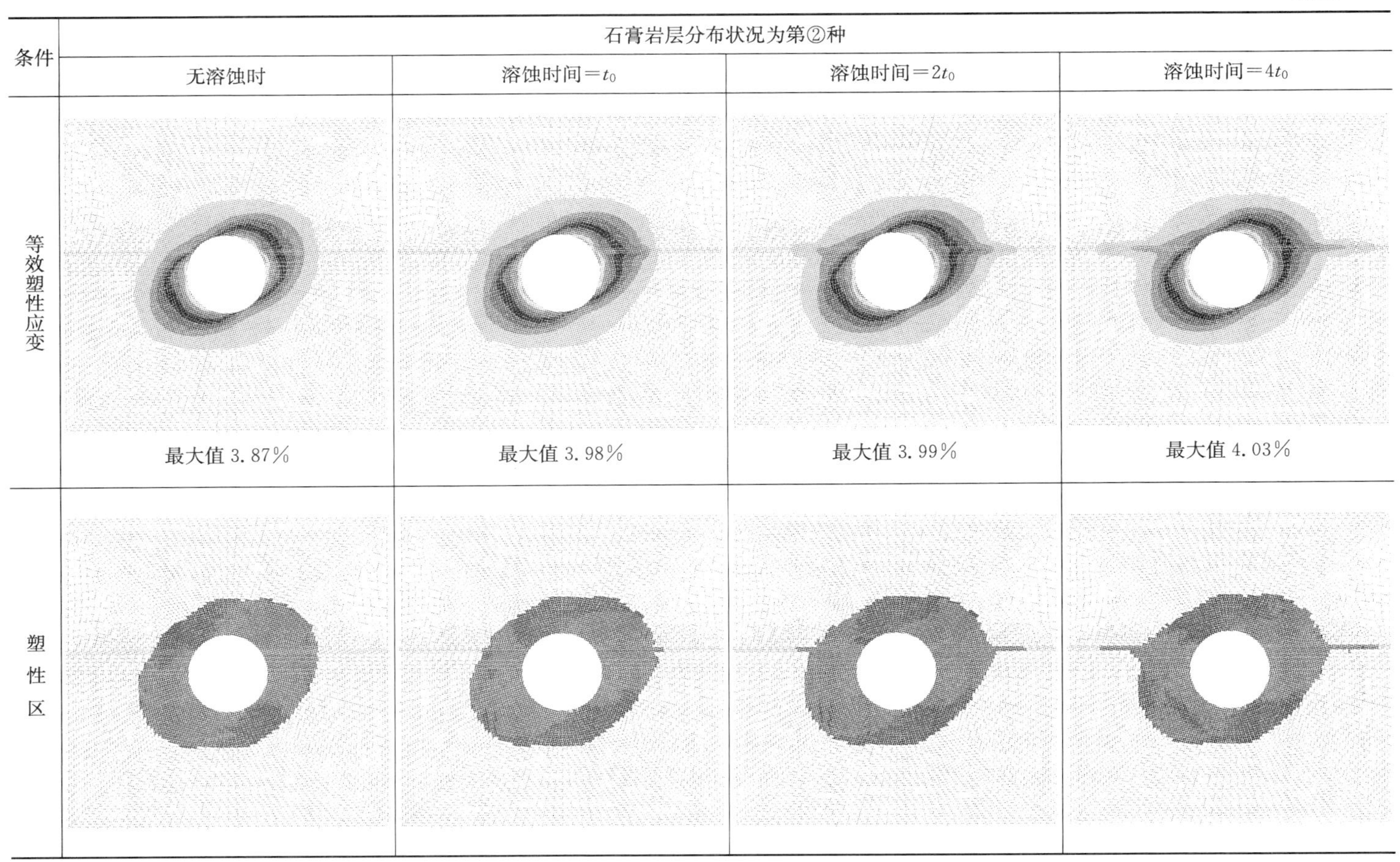			
	最大值 3.87%	最大值 3.98%	最大值 3.99%	最大值 4.03%
塑性区				

续表

条件	石膏岩层分布状况为第③种			
	无溶蚀时	溶蚀时间＝t_0	溶蚀时间＝$2t_0$	溶蚀时间＝$4t_0$
等效塑性应变	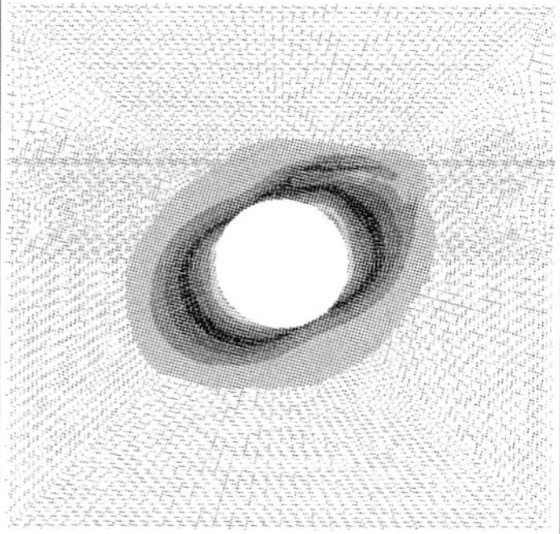 最大值 3.91％	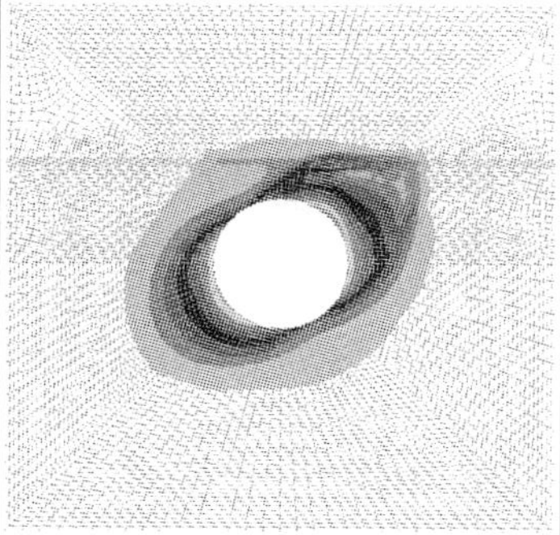 最大值 4.04％	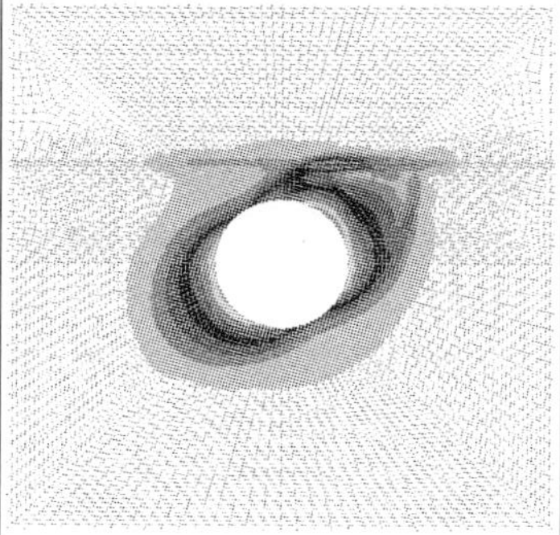 最大值 4.06％	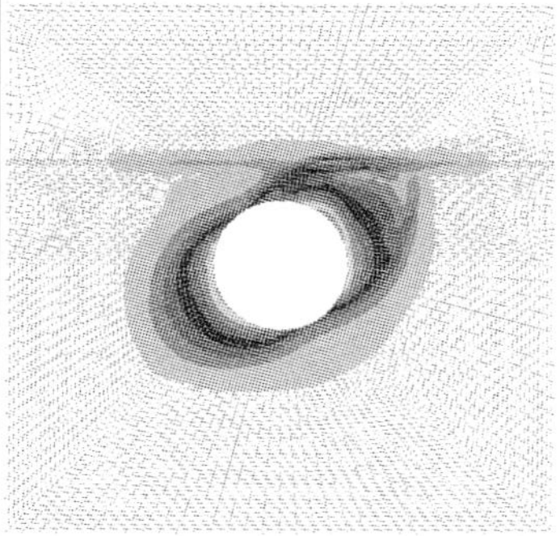 最大值 4.06％
塑性区	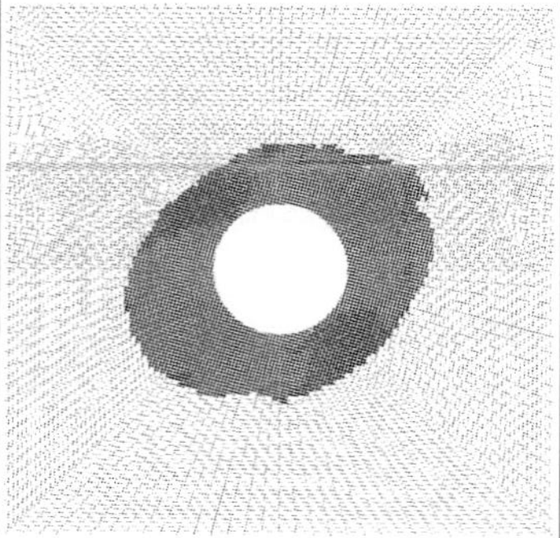	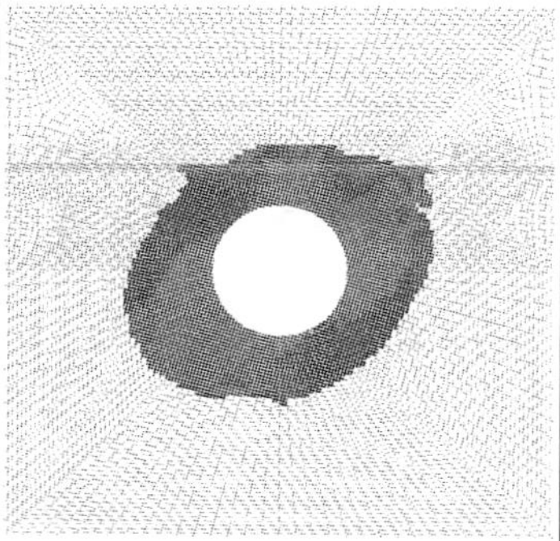	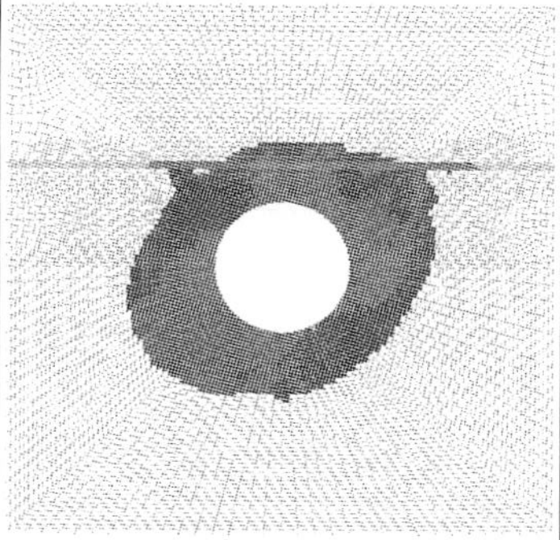	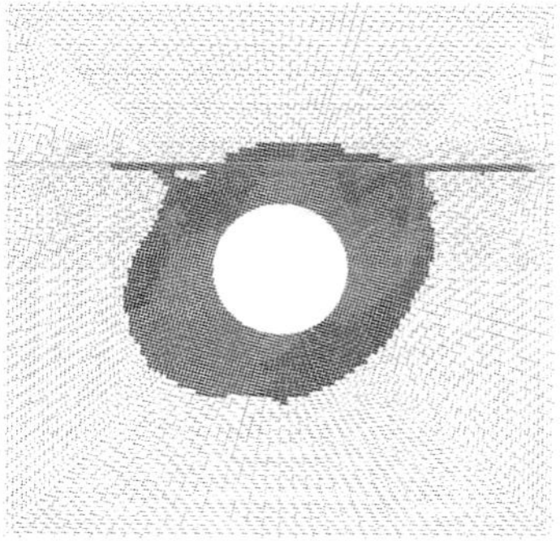

续表

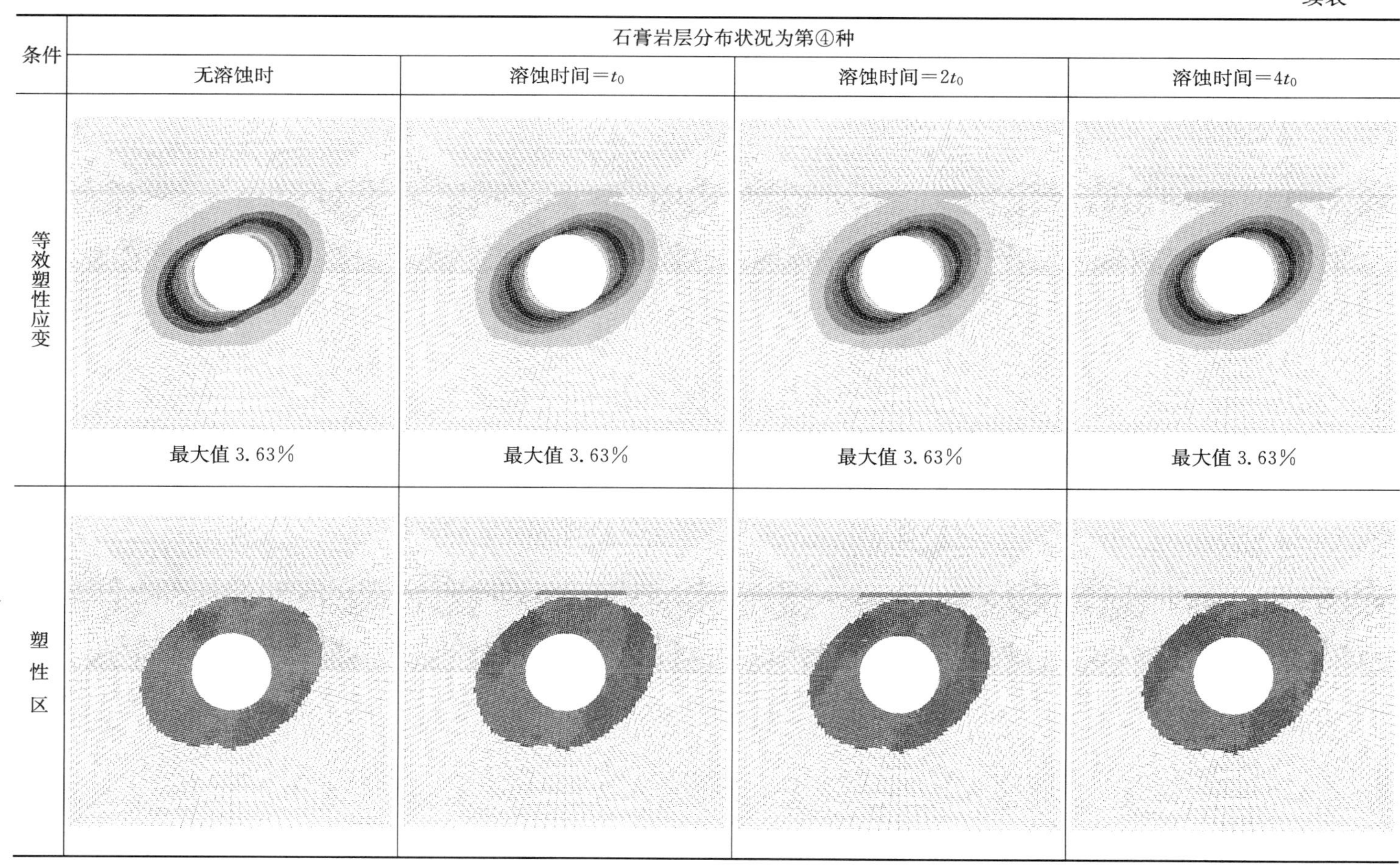

条件	石膏岩层分布状况为第④种			
	无溶蚀时	溶蚀时间=t_0	溶蚀时间=$2t_0$	溶蚀时间=$4t_0$
等效塑性应变	最大值 3.63%	最大值 3.63%	最大值 3.63%	最大值 3.63%
塑性区				

续表

条件	石膏岩层分布状况为第⑤种			
	无溶蚀时	溶蚀时间$=t_0$	溶蚀时间$=2t_0$	溶蚀时间$=4t_0$
等效塑性应变	最大值 3.97%	最大值 4.20%	最大值 4.21%	最大值 4.27%
塑性区				

表 6.3　围岩中破坏接近度随溶蚀时间的动态变化规律

条件	溶蚀作用下可溶岩塑性力学模型			
	无溶蚀时	溶蚀时间$=t_0$	溶蚀时间$=2t_0$	溶蚀时间$=4t_0$
第①种膏盐层分布	最大值 4.45	最大值 4.64	最大值 4.69	最大值 4.86
第②种膏盐层分布	最大值 5.19	最大值 5.36	最大值 5.36	最大值 5.37

续表

条件	溶蚀作用下可溶岩塑性力学模型			
	无溶蚀时	溶蚀时间$=t_0$	溶蚀时间$=2t_0$	溶蚀时间$=4t_0$
第③种膏盐层分布	最大值 5.65	最大值 6.07	最大值 6.07	最大值 6.07
第④种膏盐层分布	最大值 4.44	最大值 4.44	最大值 4.44	最大值 4.45

续表

条件	溶蚀作用下可溶岩塑性力学模型			
	无溶蚀时	溶蚀时间 $=t_0$	溶蚀时间 $=2t_0$	溶蚀时间 $=4t_0$
第⑤种膏盐层分布	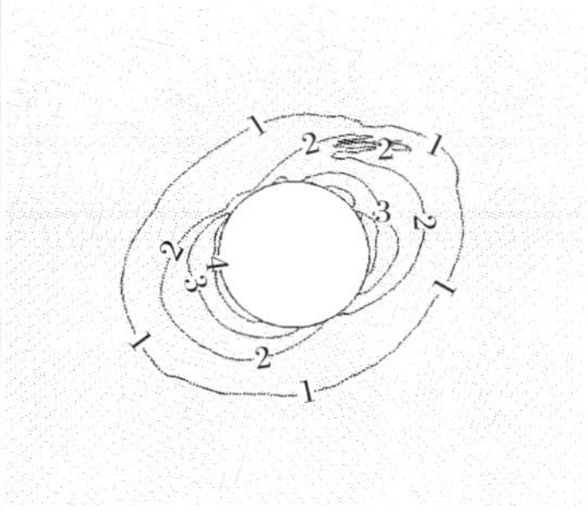 最大值 5.70	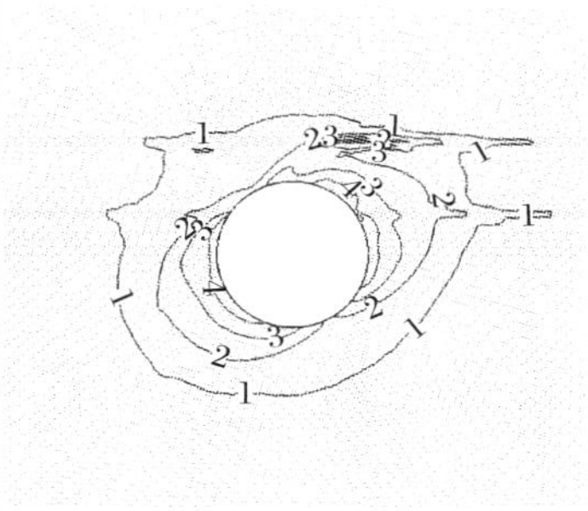 最大值 6.14	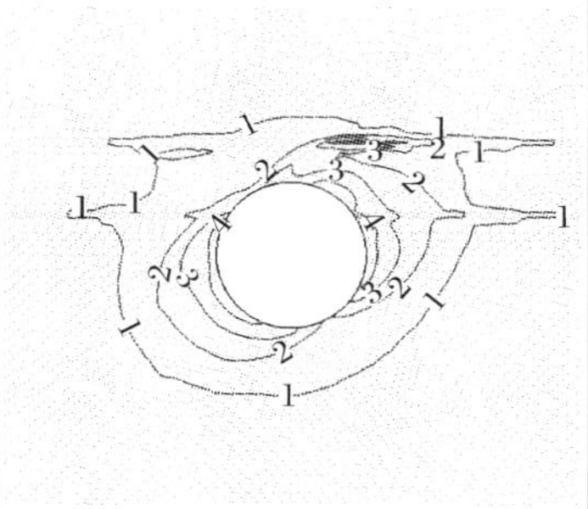 最大值 6.14	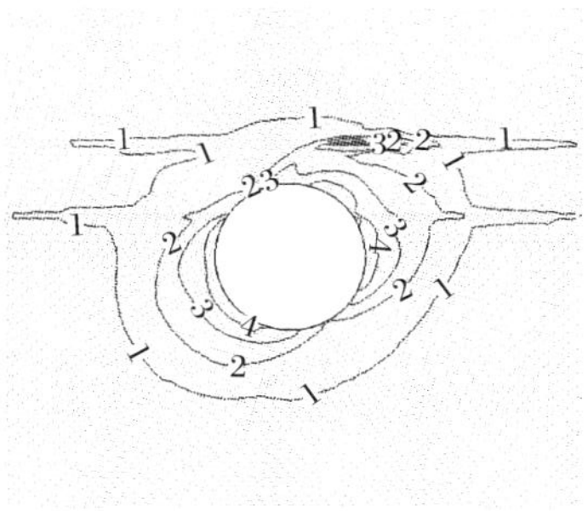 最大值 6.14

围岩整体的等效塑性应变、塑性区以及破坏接近度的分布发生了微调，围岩整体的等效塑性应变与破坏接近度的最大值变大。

(2) 在石膏岩层及其附近范围，围岩局部的等效塑性应变、塑性区以及破坏接近度的分布发生了较大变化。随着溶蚀时间的增加，该局部区域内等效塑性应变高于 0.01%的区域、塑性区和破坏接近度值大于 1.0 的区域持续沿石膏岩层向两侧延伸；石膏岩层内等效塑性应变和破坏接近度值随溶蚀时间的增加而不断增加。

2) 不同石膏岩层(单层)分布状况下

不同石膏岩层(单层)分布状况下，溶蚀作用对含石膏岩层围岩稳定性的影响有较大差异。

(1) 当石膏岩层穿过隧洞空间时(即第①和②种分布状况)，等效塑性应变、塑性区以及破坏接近度的分布沿石膏岩层走向发生明显变化，等效塑性应变与破坏接近度的最高值增加，但围岩其他区域未发生根本性调整，仅发生微调。

(2) 当石膏岩层位于临近隧洞洞顶区域时(即第③种分布状况，石膏岩层位于无溶蚀作用时隧洞塑性区范围之内)，等效塑性应变、塑性区以及破坏接近度的分布沿石膏岩层走向的变化同样较为明显，等效塑性应变与破坏接近度的最高值略有增加，但在洞顶至石膏岩层之间区域，等效塑性应变、塑性区以及破坏接近度的分布发生了较为明显的变化(具体表现为在洞顶至石膏岩层之间区域，等效塑性应变高于 0.01%的区域、塑性区和破坏接近度值大于 1.0 的区域随溶蚀时间的增加而不断扩展)。

(3) 当石膏岩层位于隧洞塑性区范围边缘时(即第④种分布状况)，相比较于第①、②和③种分布状况，等效塑性应变、塑性区以及破坏接近度的分布沿石膏岩层走向的变化较小，且等效塑性应变与破坏接近度的最高值基本不变，围岩其他区域基本未发生调整。

3) 多层石膏岩层分布状况下

对比第⑤种与第②、③种分布状况下的计算结果，可知，由于受到临近石膏岩层溶蚀作用的影响，相邻石膏岩层，特别是对围岩稳定性影响显著的石膏岩层，其等效塑性应变、塑性区以及破坏接近度的分布沿石膏岩层走向的延伸幅度更大，且相邻石膏岩层之间区域，等效塑性应变、塑性区以及破坏接近度的分布变化更加明显。

上述分析结果表明，溶蚀作用对含石膏岩层围岩稳定性的影响不可忽略；含石膏岩层围岩稳定性受溶蚀作用与石膏岩层分布条件的影响，具体表现为，对围岩稳定性影响显著的石膏岩层，等效塑性应变值越大的部位受溶蚀作用的影响越明显，围岩破坏影响区域随溶蚀时间的增加而不断扩大。

6.4 本章小结

本章对可溶岩应力-溶解耦合机理进行了研究，建立了可溶岩应力-溶解耦合模型以及溶蚀作用下可溶岩围岩稳定性分析方法，并依据所建立的分析方法，选择盐腔围岩为研究对象，对应力-溶解耦合作用下的盐腔围岩稳定性进行了分析，结果表明，应力-溶解耦合作用下计算得到的盐腔形状与实际溶腔形状较为符合，且随着溶蚀作用下盐腔形状的变化，在盐腔形状改变最大的地方，发生应力集中，等效塑性应变值会变得更大，从而进一步增强该处的溶蚀作用，导致盐腔围岩稳定性持续弱化；选择含石膏岩层围岩为研究对象，考虑石膏岩层的不同分布状况，半定性半定量地分析溶蚀作用下含石膏岩层围岩稳定性随溶蚀时间的动态变化规律，结果表明，溶蚀作用对含石膏岩层围岩稳定性的影响不可忽略；含石膏岩层围岩稳定性受溶蚀作用与石膏岩层分布条件的影响，具体表现为，对围岩稳定性影响显著的石膏岩层，等效塑性应变值越大的部位受溶蚀作用的影响越明显，围岩破坏影响区域随溶蚀时间的增加而不断扩大。

参考文献

[1] 魏玉峰. 新第三系红层石膏岩工程特性及工程应用研究[D]. 成都:成都理工大学,2005.

[2] 徐瑞春. 红层与大坝[M]. 武汉:中国地质大学出版社,2003.

[3] 刘艳敏,余宏明,汪灿,等. 白云岩层中硬石膏岩对隧道结构危害机制研究[J]. 岩土力学,2011,32(9):2704—2708.

[4] 孟丽苹. 华北地区特殊性岩土含膏角砾岩的膨胀性及腐蚀性研究[D]. 成都:西南交通大学,2008.

[5] 李卓. 华北地区奥陶系含膏角砾岩地质成因及长期强度研究[D]. 成都:西南交通大学,2008.

[6] 卢耀如,张凤娥,阎葆瑞,等. 硫酸盐岩岩溶发育机理与有关地质环境效应[J]. 地球学报,2002,23(1):1—6.

[7] 刘新荣,鲜学福,马建春. 三轴应力状态下岩盐力学性质试验研究[J]. 地下空间,2004,24(2):153—165.

[8] 梁卫国,赵阳升. 岩盐力学特性的试验研究[J]. 岩石力学与工程学报,2004,23(3):391—394.

[9] 郑雅丽,张华宾,王芝银,等. 含杂质盐岩力学特性对比试验研究[J]. 煤炭学报,2012,37(1):17—20.

[10] 梁卫国,徐素国,莫江,等. 盐岩力学特性应变率效应的试验研究[J]. 岩石力学与工程学报,2010,29(1):43—50.

[11] Hakalaa M,Kuulab H,Hudson J A. Estimating the transversely isotropic elastic intact rock properties for in situ stress measurement data reduction:A case study of the Olkiluoto mica gneiss,Finland[J]. International Journal of Rock Mechanics and Mining Sciences,2007,44:14—46.

[12] 李银平,蒋卫东,刘江,等. 湖北云应盐矿深部层状盐岩直剪试验研究[J]. 岩石力学与工程学报,2007,26(9):1767—1772.

[13] Zhigalkin V M,Usolfseva O M,Semenov V N. Deformation of quasi-plastic salt rocks under different conditions of loading. Report I:Deformation of salt rocks under uniaxial compression[J]. Journal of Mining Science,2005,41(6):507—515.

[14] 刘江,杨春和,吴文,等. 盐岩短期强度和变形特性试验研究[J]. 岩石力学与工程学报,2006,25(增1):3104—3109.

[15] 郭印同,杨春和. 硬石膏常规三轴压缩下强度和变形特性的试验研究[J]. 岩土力学,2010,31(6):1776—1780.

[16] 赵金洲,李祖奎,孙君君,等. 岩石三轴应力试验及其压实效应规律研究[J]. 石油大学学报(自然科学版),2004,28(4):56—58.

[17] 黄英华,潘懿,唐绍辉. 硬石膏常规三轴压缩性能试验研究[J]. 中国非金属矿工业导刊,2008,6:34—36.

[18] 姜德义,王雷,陈结,等. 损伤盐岩短期自恢复特性试验研究[J]. 岩土工程学报,2015(4):594－600.

[19] 姜德义,范金洋,陈结,等. 围压卸载速率对盐岩扩容损伤影响研究[J]. 岩石力学与工程学报,2013,32(增2):3154－3159.

[20] 郭建强,刘新荣,王景环,等. 基于能量原理盐岩的损伤本构模型[J]. 中南大学学报(自然科学版),2013,44(12):5045－5050.

[21] 刘建锋,徐进,裴建良,等. 盐岩损伤测试中卸载模量研究[J]. 四川大学学报(工程科学版),2011,43(4):57－62.

[22] 吴文,杨春和. 盐岩的压缩试验研究与损伤模型模拟[J]. 岩石力学与工程学报,2006,25(增2):3709－3713.

[23] Ahmad P. Micro-macro approach for the rock salt behavior[J]. European Journal of Mechanics A/Solids,2000(19):1015－1028.

[24] 房敬年,周辉,胡大伟,等. 岩盐弹塑性损伤耦合模型研究[J]. 岩土力学,2011,32(2):363－368.

[25] 曹林卫,彭向和,任中俊,等. 三轴压缩下层状盐岩体细观损伤本构模型[J]. 岩石力学与工程学报,2010,29(11):2304－2311.

[26] 曹林卫,彭向和,杨春和. 三轴压缩下岩石类材料的细观损伤-渗流耦合本构模型[J]. 岩石力学与工程学报,2009,28(11):2309－2319.

[27] Pudewills A. Modelling of the hydro-mechanical processes around excavations in rock salt[C]//The International Society for Rock Mechanics,Multiphysics Coupling and Long Term Behaviour in Rock Mechanics. Liège,Belgium,2006:527－530.

[28] Pudewills A. Modelling of hydro-mechanical behavior of rock salt in the near field of repository excavations[C]//The 6th Conference on the Mechanical Behavior of Salt -The Mechanical Behavior of Salt-Understanding of THMC Processes in Salt. Hannover,Germany,2007:195－200.

[29] Pierre B,Benoit B,Mehdi K J,et al. Transient behavior of salt caverns—interpretation of mechanical integrity tests[J]. International Journal of Rock Mechanics and Mining Sciences,2007,44:767－786.

[30] Li Y P,Yang C H. On fracture saturation in layered rocks[J]. International Journal of Rock Mechanics and Mining Sciences,2007,44:936－941.

[31] 杨春和,李银平,陈锋. 层状盐岩力学理论与工程[M]. 北京:科学出版社,2009.

[32] Limarga A M,Wilkinson D S. Modeling the interaction between creep deformation and scale growth process[J]. Acta Materialia,2007,55:189－201.

[33] 马洪岭,陈锋,杨春和,等. 深部盐岩溶解速率试验研究[J]. 矿业研究与开发,2010,30(5):9－13.

[34] 徐素国,梁卫国,赵阳升. 钙芒硝岩盐化学溶解特性试验研究[J]. 矿业研究与开发,2004,24(2):11－14.

[35] 梁卫国,李志萍,赵阳升. 盐矿水溶开采室内试验的研究[J]. 辽宁工程技术大学学报,

2003,22(1):54—57.

[36] 梁卫国,赵阳升,李志萍. 岩盐水压致裂连通溶解耦合数学模型与数值模拟[J]. 岩土工程学报,2003,25(4):427—430.

[37] 张哲玮. 岩盐矿石水溶性能试验若干问题探讨[J]. 中国井矿盐,2002,33(2):23—25.

[38] 姜德义,陈结,刘建平,等. 应力损伤盐岩的声波、溶解试验研究[J]. 岩土力学,2009,30(12):3569—3573.

[39] 班凡生. 盐穴储气库水溶建腔优化设计研究[D]. 廊坊:中国科学院渗流流体力学研究所,2008.

[40] 刘成伦,徐龙君,鲜学福,等. 电导法研究岩盐溶解的动力学[J]. 中国井矿盐,1998,(3):19—22.

[41] 刘成伦,徐龙君,鲜学福. 长山岩盐动溶的动力学特征[J]. 重庆大学学报(自然科学版),2000,23(4):58—71.

[42] 周辉,汤艳春,胡大伟,等. 盐岩裂隙渗流-溶解耦合模型及试验研究[J]. 岩石力学与工程学报,2006,25(5):946—950.

[43] 卢耀如,等. 岩溶水文地质环境演化与工程效应研究[M]. 北京:科学出版社,1999.

[44] 张凤娥,卢耀如. 硫酸盐岩溶蚀机理实验研究[J]. 水文地质工程地质,2001,(5):12—16.

[45] Alexander K. The dissolution and conversion of gypsum and anhydrite[J]. International Journal of Speleology,1996,25(3-4):21—36.

[46] Roland K. Investigation of gypsum dissolution under saturated and unsaturated water conditions[J]. Ecological Modelling,2004,176(1):1—14.

[47] Farpoor M H,Khaddemi H,Eghbal M K,et al. Mode of gypsum deposition in southeastern Iranian soils as revealed by isotopic composition of crystallization water[J]. Geoderma,2004,121:233—242.

[48] 魏玉峰,聂德新. 第三系红层中石膏溶蚀特性及其对工程的影响[J]. 水文地质工程地质,2005,2:62—64.

[49] 王世霞,郑海飞. 常温高压下石膏在水中溶解及相变现象的研究[J]. 高压物理学报,2008,22(4):429—432.

[50] 郑海飞,段体玉,刘源,等. 常温高压下石膏在水中的溶解度突变现象及其意义[J]. 岩石学报,2009,25(5):1288—1290.

[51] 胡彬锋,何鹏,徐娇,等. 青居水电站地层中石膏质溶蚀的化学效应[J]. 人民珠江,2013,2:58—60.

[52] 于伟东,梁卫国,于艳梅,等. 常温下不同浓度盐溶液中石膏细观结构衍化研究[J]. 太原理工大学学报,2013,44(4):470—474.

[53] 范颖芳,黄振国,郭乐工,等. 硫酸盐腐蚀后混凝土力学性能研究[J]. 郑州工业大学学报,1999,20(1):91—93.

[54] 汤艳春,周辉,冯夏庭,等. 单轴压缩条件下岩盐应力-溶解耦合效应的细观力学试验分析[J]. 岩石力学与工程学报,2008,27(2):294—302.

[55] 汤艳春,周辉,冯夏庭. 应力作用下岩盐的溶蚀模型研究[J]. 岩土力学,2008,29(2):

296—302.

[56] 汤艳春. 考虑岩盐应力与溶解耦合效应的盐腔溶腔机理研究[D]. 武汉:中国科学院武汉岩土力学研究所,2007.

[57] Tang Y C,Zhou H. Experimental study of dissolving effect on mechanical characteristics of rock salt[C]//The 43rd US Rock Mechanics Symposium and the 4th US-Canada Rock Mechanics Symposium. Asheville,US,2009.

[58] Tang Y C,Zhou H. Experimental study on rock salt dissolving characteristics with stress effect[C]//The 3rd International Conference on Heterogeneous Material Mechanics. Shanghai,China,2011.

[59] Tang Y C,Fang J N,Zhou H. Study on rock salt dissolving characteristics without stress effect[C]//The 1st international International Conference on Civil Engineering, Architecture and Building Materials. Haikou,China,2011.

[60] 汤艳春,周辉. 溶蚀作用下岩盐塑性力学模型研究[J]. 岩石力学与工程学报,2012,31(增1):3031—3037.

[61] 汤艳春,房敬年,周辉. 三轴应力作用下岩盐溶蚀特性试验研究[J]. 岩土力学,2012,33(6):1601—1607.

[62] 汤艳春,周辉,许模. 应力-溶解耦合作用下的盐腔水溶建腔机制研究[J]. 岩土力学,2012,33(增2):37—44.

[63] Tang Y C,Zhou H,Xiong J. Study on some phenomena of rock salt mechanical property test with dissolving effect[J]. Advanced Science Letters,2012,12:299—303.

[64] 房敬年. 岩盐弹塑性损伤耦合机理及对其溶蚀特性的影响[D]. 武汉:中国科学院武汉岩土力学研究所,2009.

[65] 梁卫国,张传达,高红波,等. 盐水浸泡作用下石膏岩力学特性试验研究[J]. 岩石力学与工程学报,2010,29(6):1156—1163.

[66] 梁卫国,徐素国,赵阳升. 钙芒硝盐岩溶解渗透力学特性研究[J]. 岩石力学与工程学报,2006,25(5):951—955.

[67] 高洪波,梁卫国,杨晓琴,等. 高温盐溶液浸泡作用下石膏岩力学特性试验研究[J]. 岩石力学与工程学报,2011,30(5):935—943.

[68] 高洪波. 石膏夹层对层状盐岩溶腔建造影响研究[D]. 太原:太原理工大学,2012.

[69] 黄英华. 水对硬石膏物理力学特性的影响研究[J]. 采矿技术,2008,8(6):31—32.

[70] 祝艳波,吴银亮,余宏明. 隧道石膏质围岩强度特性试验研究[J]. 长江科学院院报,2013,30(9):53—58.

[71] 吴文,侯正猛,杨春和. 盐岩中能源(石油和天然气)地下储存库稳定性评价标准研究[J]. 岩石力学与工程学报,2005,24(14):2497—2505.

[72] 吴文,侯正猛,杨春和. 盐岩中能源(石油和天然气)地下储存力学问题研究现状及其发展[J]. 岩石力学与工程学报,2005,24(增2):5562—5568.

[73] 任松,姜德义,刘新荣. 用3D-Sigma分析岩盐溶腔围岩地应力场[J]. 地下空间,2003,23(4):414—416.

[74] 刘新荣，姜德义. 岩盐溶腔围岩应力分布规律的有限元分析[J]. 重庆大学学报(自然科学版)，2003，26(2)：43－46.

[75] 刘新荣，谭晓慧. 岩盐溶胶覆岩沉降和变形规律的研究[J]. 化工矿物与加工，1999，28(7)：21－25.

[76] 姜德义，任松，刘新荣. 岩盐溶腔稳定性控制研究[J]. 中国井矿盐，2005，36(3)：16－19.

[77] 陶连金，姜德义. 岩盐溶腔稳定性的非线性大变形分析[J]. 北京工业大学学报，2001，27(1)：64－67.

[78] 刘成伦，徐龙君，鲜学福. 浅埋薄层岩盐溶腔稳定性的数值模拟计算[J]. 重庆大学学报(自然科学版)，2003，26(3)：143－146.

[79] 梁卫国，赵阳升，王瑞凤. 水溶开采岩盐溶腔形状的反演分析[J]. 矿业研究与开发，2003，23(4)：11－14.

[80] 余海龙，谭学术. 岩盐溶腔稳定性模拟试验研究[J]. 矿山压力与顶板管理，1995，3(4)：156－159.

[81] 余海龙，谭学术. 岩盐溶腔稳定性的相似模拟设计原理和依据[J]. 西安矿业学院学报，1994，14(4)：311－317.

[82] 赵顺柳，杨骏六. 用于存储的地下岩盐溶腔特性研究综述[J]. 中国井矿盐，2003，34(3)：22－25.

[83] 王贵君. 盐岩层中天然气存储洞室围岩长期变形特征[J]. 岩土工程学报，2003，25(4)：431－435.

[84] 王贵君. 盐岩层中洞室型天然气地下存储场的岩石力学设计基础[D]. 北京：北京科技大学，2003.

[85] 陈卫忠，伍国军，戴永浩，等. 废弃盐穴地下储气库稳定性研究[J]. 岩石力学与工程学报，2006，25(4)：848－854.

[86] 尹雪英，杨春和，陈剑文. 金坛盐矿老腔储气库长期稳定性分析数值模拟[J]. 岩土力学，2006，27(6)：869－874.

[87] 陈锋，杨春和，白世伟. 盐岩储气库蠕变损伤分析[J]. 岩土力学，2006，27(6)：945－949.

[88] 杨春和，梁卫国，魏东吼，等. 中国盐岩能源地下储存可行性研究[J]. 岩石力学与工程学报，2005，24(24)：4409－4417.

[89] 潘培泽. 对大倾角岩层溶腔形态的认识[J]. 中国井矿盐，1994，25(3)：14－15.

[90] 刘东，殷国富. 岩盐开采生产中溶腔形状的智能控制方法[J]. 控制与决策，1998，13(5)：563－567.

[91] 赵志成. 岩盐储气库水溶建腔流体输运理论及溶腔形态变化规律研究[D]. 廊坊：中国科学院渗流流体力学研究所，2003.

[92] 班凡生，高树生，单文文. 夹层对岩盐储气库水溶建腔的影响分析[J]. 辽宁工程技术大学学报(自然科学版)，2006，25(增刊)：114－116.

[93] 班凡生，朱维耀，单文文，等. 岩盐储气库水溶建腔施工参数优化[J]. 天然气工业，2005，25(12)：108－110.

[94] 班凡生，高树生，单文文. 岩盐品位对岩盐储气库水溶建腔的影响[J]. 天然气工业，2006，

26(4):115—118.

[95] 杨先毅.嘉陵江合川水利枢纽建坝岩体主要地质问题研究[J].水文地质工程地质,1998,25(3):36—37.

[96] 王子忠.四川盆地红层岩体主要水利水电工程地质问题系统研究[D].成都:成都理工大学,2011.

[97] 周洪福,聂德新,韦玉婷,等.黄河上游某电站上新统石膏夹层对坝基岩体稳定性影响评价[J].工程地质学报,2006,14(1):41—44.

[98] 林仕祥,王启国.王甫洲水利枢纽坝基石膏溶蚀研究及处理对策[J].人民长江,2007,38(9):40—42.

[99] 张晓宇.西宁地区第三系地层岩土工程特性及影响[J].铁道工程学报,2012,8:20—23.

[100] 刘宇,郑立宁,康景文等.成都天府新区含膏红层主要工程地质问题分析[J].四川建筑科学研究,2013,39(5):155—159.

[101] 陈旭,陈春,杨海金.浅谈石膏溶蚀特性对工程的影响及防治[J].西部探矿工程,2009,3:35—37.

[102] 洪文之,徐旭.西宁石膏岩工程地质性质及对建筑物适宜性的探讨[J].青海地质,1999,1:67—71.

[103] 余天庆.损伤理论及其应用[M].北京:国防工业出版社,1993.

[104] Horii H, Nemat-Nasser S. Overall moduli of solids with microcracks: Load-induced anisotropy[J]. Journal of the Mechanics and Physics of Solids, 1983, 31(2): 151—171.

[105] Nemat-Nasser S, Hori M. Micromechanics: Overall Properties of Heterogeneous Materials [M]. Amsterdam: North-Holland, 1993.

[106] Pietruszczak S, Jiang J, Mirza F A. An elastoplastic constitutive model for concrete[J]. International Journal of Solids and Structures, 1988, 24(7): 705—722.

[107] Pensée V, Kondo D, Dormieux L. Micromechanical analysis of anisotropic damage in brittle materials[J]. Journal of Engineering Mechanics, 2002, 128(8): 889—897.

[108] 刘波,韩彦辉. FLAC原理、实例与应用指南[M].北京:人民交通出版社,2005.

[109] 沙庆林.观测试验资料的数学加工法[M].北京:人民交通出版社,1960.

[110] Koza J R. Automatic creation of human-competitive programs and controllers by means of genetic programming [J]. Genetic Programming and Evolvable Machines, 2000(1): 121—164.

[111] O'Reilly U M, Yu T, Riolo R, et al. Genetic Programming Theory and Practice II[M]. New York: Springer, 2004.

[112] 云庆夏,黄光球,王战权.遗传算法与遗传规划[M].北京:冶金工业出版社,1997.

[113] 富永政英.海洋波动基础理论和观测成果[M].关孟儒译.北京:科学出版社,1984.

[114] 林元雄.岩类水溶采矿技术[M].成都:四川人民出版社,1990.

[115] 陆金甫,关治.偏微分方程数值解法[M].北京:清华大学出版社,1985.

[116] 张传庆.基于破坏接近度的岩石工程安全性评价方法的研究[D].武汉:中国科学院研究生院,2006.

索 引

彩 图

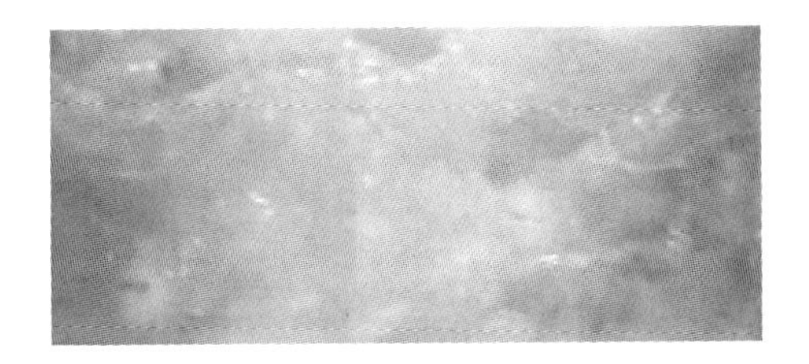

(a) 阶段①的岩样图片

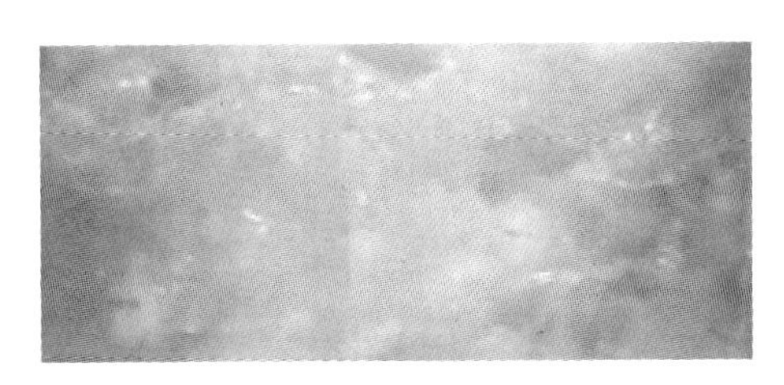

(b) 阶段②的岩样图片

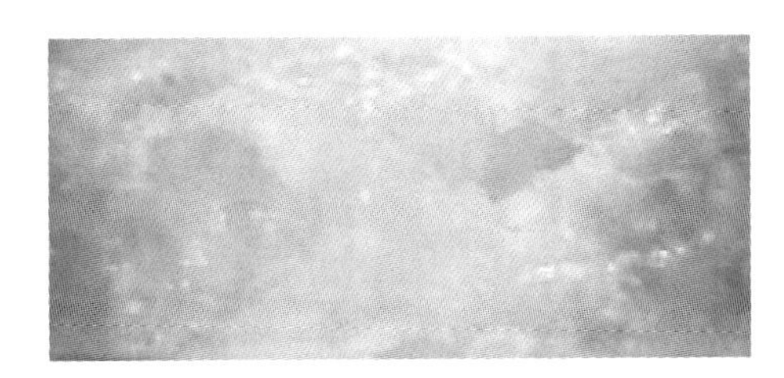

(c) 阶段③的岩样图片

(d) 阶段④的岩样图片

图 2.7 不同裂纹变化阶段的岩盐试样照片

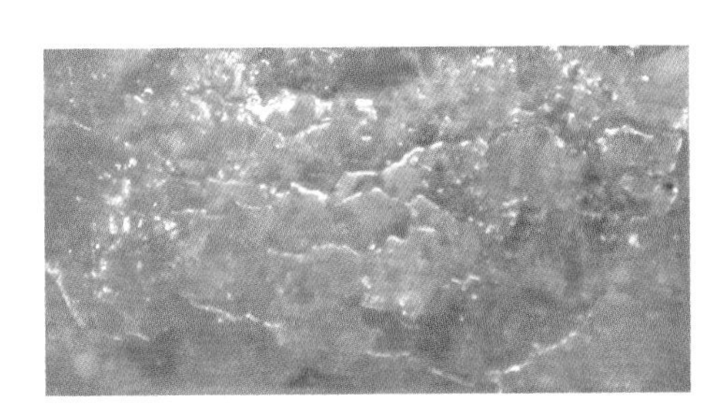

(a) 阶段②的岩样溶解之后的照片

(b) 阶段③的岩样溶解之后的照片

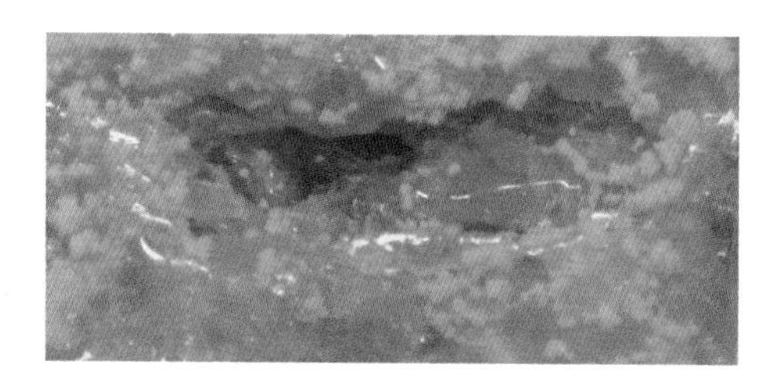

（c）阶段④的岩样溶解之后的照片

图 3.10　不同裂纹变化阶段的岩盐试样溶解之后的照片

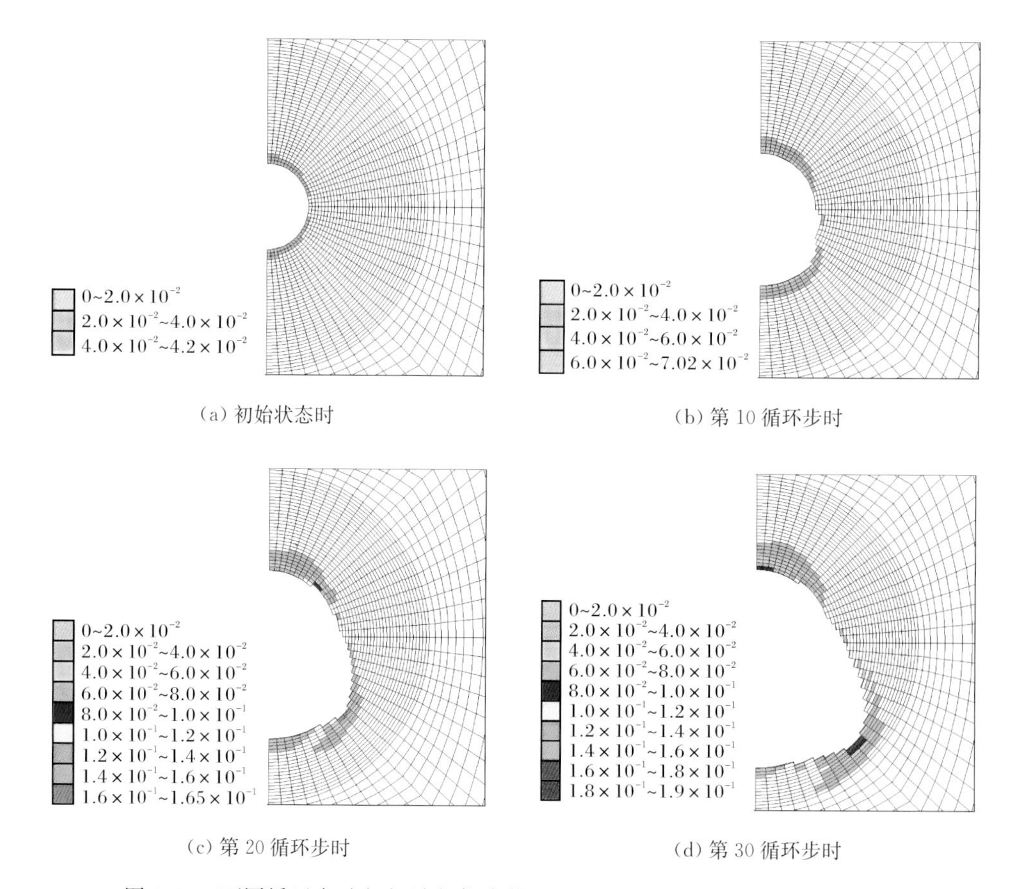

（a）初始状态时　（b）第 10 循环步时

（c）第 20 循环步时　（d）第 30 循环步时

图 6.10　不同循环步时应力-溶解耦合作用下盐腔围岩区域等效塑性应变变化